LES

EAUX DE MARSEILLE

DE NIMES, DE NICE, ETC., ETC.

LES

EAUX DE MARSEILLE

DE NICE, DE NIMES, ETC.

ET EN GÉNÉRAL

LES EAUX SOUTERRAINES NATURELLEMEMT FILTRÉES

Contenues dans les graviers qui bordent les rivières

PAR

VICTOR CASSAIGNES.

Prix : 1 fr. 50.

MARSEILLE
CHEZ E. CAMOIN, RUE CANNEBIÈRE, 1.

1865

LES

EAUX DE MARSEILLE

DE NIMES, DE NICE, ETC., ETC.

SOMMAIRE ;

Amener, sur le territoire de Marseille, sept ou dix mètres cubes par seconde, d'eau naturellement filtrée, c'est-à-dire, en place de l'eau trouble qu'on a maintenant, une quantité égale, ou moitié plus grande, d'eau parfaitement limpide.

Prendre cette eau dans les graviers de la Durance, au moyen de tranchées ou de bassins filtrants, à ciel ouvert, au lieu de galeries souterraines ou voûtées, les seules qui aient été employées jusqu'à ce jour.

Par ce système, pour lequel je suis breveté, on économise, sur la construction des galeries, les quatre cinquièmes des dépenses.

Pour sept mètres cubes d'eau filtrée, dépenses : 3,000,000 fr.; revenu total : 800,000 fr.; intérêt de tous les capitaux dépensés pour le canal, ces trois millions compris : 1 1/2 pour cent.

Et pour dix mètres cubes d'eau filtrée, dépenses : 4,000,000 fr.; revenu total : 3,400,000 fr.; intérêt de tous les capitaux dépensés pour le canal, ces trois millions compris : 6 1/2 pour cent.

Pour sept mètres cubes d'eau par seconde, avec des galeries voûtées, la dépense eût été de 10,000,000 fr. au lieu de 3,000,000. — Économie réalisée par l'application de mon système : 7,000,000 fr.

Et pour 10 mètres cubes d'eau par seconde, avec des galeries voûtées, la dépense eût été de 15,000,000 fr. au lieu de 4,000,000. — Économie réalisée par l'application de mon système : 11,000,000 fr.

Prendre, au moyen de tranchées ou de bassins à ciel ouvert, les eaux d'infiltration, dans les graviers du Var, pour les conduire à Nice.

Prendre, de même, les eaux d'infiltration dans les graviers du Rhône, pour les amener à Nîmes, etc., etc.

I.

Ceux qui ont vu, il y a vingt ans, Marseille et ses environs, et qui ont la satisfaction de les revoir aujourd'hui, peuvent juger des féeriques transformations que l'eau opère.

A cette époque, les habitants se disputaient un peu d'eau, en été, comme on se dispute, pendant la famine, un morceau de pain. Le port et la ville entière exhalaient des miasmes fétides et pestilentiels. Toutes les campagnes voisines étaient dans un état de sécheresse et d'aridité proverbiales : C'était la désolation !

Deux hommes illustres, dont je voudrais voir aujourd'hui la reconnaissance publique élever les deux statues sur le même piédestal, **M. Consolat**, maire de Marseille, et **M. de Mont-Richer**, ingénieur, secondés par une population intelligente et énergique, firent cesser tous ces fléaux. Mesurant à la gravité du mal la grandeur des moyens, en moins de dix années, ils conçurent et exécutèrent, pour avoir de l'eau, le plus grandiose, le plus magnifique travail qu'il y ait au monde.

Un canal de plus de vingt lieues de longueur, ouvert à travers les collines et les vallées, jeté en remblais ou en viaducs sur celles-ci, coupant ou perçant les autres, amène les eaux de la **Durance** sur le territoire de Marseille, à 140 mètres d'altitude.

Partant de ce point, plusieurs dérivations vont irriguer, aux environs de Marseille, neuf mille hectares de terrains; et, en descendant vers la mer, offrir dans leurs nombreuses chûtes des forces motrices pour plus de quatre cents usines ; tandis que la branche mère va desservir de vastes réservoirs établis sur les principales hauteurs de Marseille, d'où l'eau se distribue dans toute la ville, s'élève jusqu'aux derniers étages des maisons, alimente quatre cents fontaines publiques, deux mille bouches d'arrosage, et, après avoir produit tous ces bienfaits, se réunit enfin dans les principaux acqueducs pour renouveler les eaux du port.

La ville de Marseille est assainie, la fécondité se montre dans ses allées, dans ses jardins ; et, sur un rayon de plusieurs lieues, toute la nature environnante, cette nature sauvage, accidentée, que chacun ici a vu si aride, est maintenant verdoyante et fleurie, aussi fraîche que pittoresque.

Voilà ce que l'on doit à ce beau travail. Et, cependant, c'est à peine si on commence à jouir des grands bienfaits qu'il doit produire.

Tout est donc bien, tout est parfait, dans l'exécution du **Canal de Marseille** ; rien ne laisse à désirer dans la distribution, l'utilisation de l'eau qu'il apporte ; il ne manque à cette eau qu'une seule chose, chacun le sait : **la limpidité.**

La Durance est la plus limoneuse de toutes nos rivières. Souvent bourbeuse, jamais limpide, chaque fois qu'il pleut ou que les neiges fondent, elle n'est, littéralement, que de la boue délayée; ses limons formant, en moyenne, un quatre centième du volume de ses eaux, les **cinq à six cent mille mètres cubes d'eau**, que Marseille en dérive, par jour, contiennent donc **douze à quinze cents mètres cubes de terre**, dont il faudrait d'abord, chaque jour, débarrasser cette eau, et dont il faudrait se débarrasser après.

De plus, l'extrême ténuité et la grande légèreté spécifique d'une partie de ces limons en rendent l'élimination extrêmement difficile, si bien qu'après plusieurs jours de repos **absolu**, alors que toutes les matières solides paraissent s'être précipitées, il reste encore assez de substances étrangères en suspension pour que l'eau soit opaline, visqueuse ; et, il en est de même après un repos plus prolongé ; bref, elle ne se clarifie jamais complètement. Les bassins, les filtres s'obstruent ; les tuyaux, les robinets des particuliers s'obstruent; et, les conduites publiques s'obstrueraient de même, si l'on n'y faisait circuler, sous une forte pression, un excès d'eau. lequel constitue une perte regrettable.

Je ne parlerai pas des énormes frais que cet état de choses occasionne ; des plaintes qui s'élèvent de toutes parts; du peu d'empressement que l'on met à demander cette eau, et de la disposition générale où l'on serait de ne plus en prendre : on ne le sait que trop. Ces limons nuisent aux hommes, aux animaux; ils nuisent même aux plantes qu'ils encroûtent, et que le soleil brûle après.

C'est à cette dernière cause principalement qu'il faut attribuer l'absence de jardins potagers aux environs de Marseille, et l'obligation où l'on est d'aller les établir, à vingt lieues de là, du côté d'Hyères ou de Solliès-Pont, où l'on a, pour les arroser, des eaux claires.

D'ingénieux moyens ont été expérimentés ou proposés pour clarifier les eaux de la Durance, non-seulement par M. de Mont-Richer, mais, après lui, par d'habiles ingénieurs appelés à compléter son œuvre, et aussi par plusieurs autres personnes. Ces procédés qui, dans certaines limites, auraient suffi ailleurs, ont été ici radicalement insuffisants ; et il en serait de même, à mon avis, de tous ceux qu'on pourrait proposer encore, en raison surtout de la grande échelle sur laquelle il faudrait les appliquer, et de l'embarras que donneraient les sédiments.

Mon intention n'est pas de censurer ces tentatives, car je me sens plus porté, dans cette occasion, à l'admiration qu'à la critique. Si donc le succès n'a pas couronné ces derniers efforts, la faute en est à la nature rebelle de ces eaux, à leur grande abondance et non au talent des ingénieurs qui se sont occupés de les épurer. Les conceptions diverses qui ont surgi dans ce but ne seront pas stériles ; elles pourront recevoir, ailleurs, d'utiles applications; et j'espère, qu'ici même, tous les travaux qui ont été faits, en vue de la clarification des eaux de la Durance, seront utilisés. Il me paraît, d'ailleurs, superflu d'entrer dans une discussion rétrospective, qui ne ferait qu'exciter les passions, quand nous avons besoin de tout notre calme ; et alors surtout que j'ai l'entière conviction que, par la lucidité et les incomparables avantages qu'il présente, le système que j'ai à soumettre ralliera, sans efforts, tous les esprits.

Je me bornerai à dire seulement, dans l'intérêt de la salubrité publique, que tout système de décantation opéré à ciel ouvert est pernicieux sous ces climats, quand il s'agit d'une eau aussi impure que l'eau de la Durance, et qu'il doit être, sans aucune hésitation, mis de côté. On devrait y renoncer absolument, même, dussent ces eaux, au sortir des bassins, être aussi claires que l'eau de roche, et dussent leurs sédiments n'occasionner, pour et par leur évacuation, aucun inconvénient sérieux ; parce que, pendant leur repos dans ces réservoirs, séjournant sur un lit de vase, et exposées à l'énergique action du soleil, les matières organiques, dont elles sont chargées, fermentent et se décomposent.

La marche **ralentie** de cette eau trouble dans un canal ouvert, depuis la Durance jusqu'à Marseille, est déjà une grave cause d'altération. Que serait-ce donc, si dans cet état d'opacité et d'hétérogénéité, elle **stagnait** dans un bassin, exposée à un soleil ardent? Admettons qu'elle y laissât toute la terre qu'elle contient ; elle y acquerrait, en échange, des principes putrides et délétères, et sa limpidité serait plus perfide encore. Mais on n'a pas même à attendre cette satisfaction pour les yeux : l'eau ainsi décantée, plus malsaine et moins trouble, ne serait ni incolore ni limpide.

Le canal de Marseille n'est pas destiné au colmatage. Il faut qu'il apporte de l'eau pure ; et pour que cette eau soit pure à Marseille, il faut qu'elle soit pure dès son entrée dans le canal. J'en ai dit les raisons. La ville sera dès lors affranchie des embarras et des ennuis d'une dépuration difficile, sinon impossible ; elle n'aura plus à craindre les chômages causés par le nettoyage des bassins, des filtres, des conduites ; elle sera exempte, en un mot, des dangers, des frais, des embarras, des inconvénients multiples, et toujours renaissants, qu'une eau aussi trouble et aussi abondante occasionne.

Coupons court à toute discussion. Si, au lieu de faire couler dans le canal de Marseille une rivière d'eau bourbeuse, dont la clarification ne doit engendrer que déceptions sur déceptions ; si, au lieu de cette boue malfaisante plus ou moins délayée, on peut introduire, dans ce même canal, à peu de frais, une rivière plus abondante encore, parfaitement saine, parfaitement limpide, pas une opinion ne sera dissidente, tout le monde dira : « Prenons l'eau claire ! »

Je n'aurai pas de peine à prouver que, non-seulement c'est possible, mais même facile.

M. de Mont-Richer n'ignorait pas, il n'y a pas à en douter, qu'à côté de la Durance, là où il établit la prise du canal, il avait à sa disposition, et en surabondance, de l'eau claire. Et, s'il a hésité à la prendre, c'est parce qu'il a voulu éviter à la ville une dépense, qui, basée sur les précédents déjà connus pour ce genre de travaux, et en raison de la grande quantité d'eau à recueillir, eût été énorme. Il y a renoncé enfin, parce qu'il espérait pouvoir clarifier l'eau de la Durance à beaucoup moins de frais.

Une simple idée aurait pu lever la difficulté qui arrêta cet habile ingénieur, et éviter ainsi les regrettables écoles qu'on a faites. Les plus grands génies ne peuvent songer à tout. Cette simple idée, dont l'efficacité ne me paraît pas contestable, je l'ai conçue depuis longtemps ; depuis longtemps déjà je l'ai offerte ; et, plus inébranlablement convaincu que jamais, je viens de nouveau l'offrir.

Ici, quelques détails sont nécessaires pour que chacun puisse être à même de juger.

Depuis qu'un homme s'est établi sur les terrains alluviens qui bordent les fleuves, on sait qu'en creusant le sol **sur un point quelconque** de ces terrains, on trouve de l'eau claire et que cette eau claire semble être **inépuisable**. Dès-lors, on aurait pu déduire qu'une infiltration générale la produisait, et, qu'en centuplant l'étendue de l'excavation, à quelques différences près, on centuplerait l'abondance de la source ; que cette eau pourrait être conduite où l'on voudrait, et qu'elle suffirait aux besoins d'une ville entière. Mais les applications que la bienfaisance inspire sont toujours les plus tardives.

Chacun a fait son puits, d'abord, sans s'occuper de ses voisins, et, bien des siècles se sont écoulés avant qu'on ait fait mieux.

Ce n'est que de nos jours qu'on a sérieusement songé à recueillir les eaux d'infiltration des bassins des fleuves, pour en alimenter les grandes villes. **Toulouse, Lyon, Angers,** en France ; **Vienne,** en Autriche, sont ainsi pourvues. On a creusé dans les graviers de la **Garonne,** du **Rhône,** de la **Loire,** du **Danube,** des **Galeries filtrantes souterraines,** aux parois perméables, dans lesquelles l'eau afflue, par infiltration, toujours également **pure,** également **abondante.**

Les galeries filtrantes de Toulouse fonctionnent depuis plus de trente ans, avec un égal succès ; et, sans qu'elles aient suscité, dans cet intervalle, la moindre réparation. Cette ville, dont la population, depuis cette époque, s'est considérablement accrue, ayant eu besoin d'une quantité d'eau beaucoup plus grande, à recouru, récemment, à un semblable moyen pour en obtenir ; de plus vastes galeries y ont été construites, et on en est également bien satisfait.

Les renseignements que j'ai pris moi-même à Toulouse, sur les galeries filtrantes, concordent avec ceux qu'on a eu la bonté de me transmettre, par écrit, et dont les derniers datent de deux ou trois mois seulement. Ils se résument à ceci : **Le filtre donne aujourd'hui la même quantité d'eau que dans le principe. Cette eau, naturellement filtrée, ne se trouble jamais.**

Le 30 mars dernier, M. l'Ingénieur en chef de la ville de Toulouse, qui m'a fait l'honneur de me donner d'autres renseignements, ajoutait : **Le rendement de la galerie est de 27$^{m.c.}$ 60 en 24 heures et par mètre courant de galerie.**

Le radier de cette galerie n'a que 1^m 50 de largeur, et, il est à 2^m 97 en contrebas du niveau moyen de la Garonne.

A Lyon, où des bassins filtrants souterrains ont été établis depuis huit années, les résultats ont été complètement satisfaisants ; et on en construit actuellement de nouveaux sur le même principe.

M. l'Ingénieur en chef de la ville de Lyon, qui a eu la bonté de me donner divers renseignements à ce sujet, m'écrivait à la date du 1er mars dernier : **Depuis que nos bassins sont en service, c'est-à-dire depuis huit ans environ, on n'a constaté aucune diminution de la puissance filtrante. L'eau filtrée est aussi claire en temps de crue qu'en étiage ; pourvu toutefois qu'on ne dépasse pas le rendement, en eau filtrée, de six mètres cubes par mètre carré de filtre.**

Les galeries filtrantes d'Angers présentent un développement total de 390^m, dont 100^m ont 1^{m}50 de largeur, et 290 mètres une largeur de 0^m 75 seulement ; ce qui équivaut, pour les 390^m, à une largeur moyenne de 0^m 975. Ces galeries donnent, pendant les plus grandes sécheresses, à 1^m 30, tout au plus, au-dessous de l'étiage, 4,000 mètres cubes d'eau filtrée par jour, c'est-à-dire 10$^{m.c.}$ 25 par mètre courant de galerie ; ce qui, vu le peu de largeur du radier, et la faible pression sous laquelle les infiltrations s'effectuent, est un produit considérable.

M. le Directeur du Service des eaux d'Angers, à l'obligeance duquel je dois de nombreux documents, me faisait l'honneur de m'écrire, à la date du 28 février dernier : **Depuis la construction des galeries, l'expérience a prouvé que le débit avait plutôt augmenté que diminué.**

Donc, nous pouvons conclure, par des expériences faites à côté de nos principaux fleuves, dans une période de plus de trente années, que les galeries filtrantes établies dans les bancs de sable ou de graviers qui les bordent, sont des moyens infaillibles d'avoir constamment de l'eau limpide, sans aucune espèce d'entretien. On ne doit renoncer aux avantages incontestables, présentés par ce système, que lorsque, limité par l'espace ou pour d'autres motifs, les infiltrations obtenues seraient insuffisantes ; ou quand, dans des cas exceptionnels, la nature séléniteuse du terrain rendrait cette eau dure et impropre à la plupart des usages domestiques.

Une objection très-grave, mais qui heureusement n'est que spécieuse, a été faite contre l'avenir de ces galeries; et des hommes d'un très-grand mérite l'ont même partagée. On a dit que les galeries filtrantes établies à côté des fleuves recevaient l'eau de ces fleuves à travers la lisière de graviers interceptée entre le fleuve et la galerie ; que, par conséquent, l'eau trouble du fleuve , en filtrant à travers cette lisière de graviers, y abandonnait son limon; et, qu'avec le temps, et, peut-être même, dans un délai fort court, ce gravier serait imprégné de vase au point de devenir imperméable — que pour ce motif, à une époque qu'on ne pouvait pas rigoureusement déterminer, mais qui arriverait infailliblement, ces filtres naturels ne fonctionneraient plus.

Il me suffirait d'indiquer, pour toute réponse, l'expérience acquise en France, sur ces effets, depuis plus de trente années. — Si, d'une part, depuis plus de trente ans, aucune diminution n'a pu être constatée dans le rendement des galeries filtrantes ; si, d'un autre côté, depuis une époque plus rapprochée, on a signalé, ailleurs, une notable augmentation, on peut en conclure qu'il n'y a pas beaucoup à s'inquiéter pour l'avenir.— Si, enfin, les déductions alarmantes qu'on a tirées ont paru avoir leur côté logique, c'est tout simplement, parce que leur point de départ était erroné.—Je vais essayer de le démontrer.

C'est une erreur de supposer qu'on n'a à compter, dans les galeries, que sur l'eau provenant directement de la rivière, et filtrant au travers du banc de sable ou de gra-

viers qui sépare la rivière de la galerie. — Ces infiltrations
latérales et directes, à moins que la galerie ne soit très-près
de la rivière, sont au contraire à peu près nulles. —Voici
ce qui a lieu :

Considérées dans leur ensemble, les plaines arrosées
par les fleuves sont formées de bancs de sable ou de graviers, d'une épaisseur plus ou moins considérable, cinq,
dix, quinze mètres et plus. — Les couches argileuses
contenues, quelquefois, dans ces masses perméables, y
sont toujours, relativement, très-circonscrites et très-min-
ces ; à moins que ce ne soit vers les embouchures, où les
pentes sont peu sensibles, et là, principalement, où les
marées se font sentir.

A la surface de ces plaines, c'est-à-dire au-dessus des
sables et des graviers qui les forment, serpente comme un
ruban, en s'y creusant un lit, un cours d'eau plus ou
moins limoneux : voilà le fleuve.

Les eaux du fleuve, en sillonnant les terrains perméables de la plaine, s'infiltrent de toutes parts dans ces terrains, et en baignent la masse entière.

Ces infiltrations se produisent, principalement, au fond
du lit des fleuves, où la plus grande compression de l'eau
et d'autres circonstances que je vais exposer les favo-
risent.

Si la plaine était horizontale, ou que, par l'effet de barrages ou autres dispositions naturelles ou artificielles, l'é-
coulement du fleuve n'eût lieu qu'avec lenteur à sa superficie, et que le fond n'en fût point agité, le lit alors s'atterri-
rait, et les infiltrations s'y exerceraient de moins en moins;
mais tel n'est pas le cas.

Les fleuves ont un courant plus ou moins rapide, et le
sable ou le gravier du fond de leur lit, est, dans certaines
limites, agité comme leurs flots. Ces graviers sont perpé-
tuellement affouillés, remaniés, lavés, et recouvrent sans
cesse ainsi leur pouvoir filtrant. Les limons sont empor-

tés par le courant, et l'eau arrive pure et filtrée dans la grande masse d'alluvions qui forme la plaine, et qu'elle baigne tout entière. Il ne s'agit donc plus de maigres filtrations effectuées à travers une petite lisière de graviers, mais de filtrations générales, se reproduisant dans tout le lit d'un fleuve, et dont l'eau clarifiée qui en résulte immerge tous les terrains perméables des vastes plaines qu'il parcourent.

En un mot, **le lit entier d'un fleuve est un immense filtre naturel fonctionnant sans cesse et se nettoyant, sans cesse, de lui-même; et tous les terrains perméables de la plaine constituent un vaste réservoir souterrain d'eau filtrée excellente, qui y prend, à peu près, la température constante des eaux de sources, et où on n'a qu'à la recueillir.** Ces nappes limpides souterraines ont toujours été abondantes auprès des fleuves, et elles le seront toujours. Les craintes qn'on a exprimées au sujet de l'avenir des galeries filtrantes sont donc sans fondement. Les ingénieurs les plus autorisés sur ces matières, en tête desquels doit figurer le célèbre M. d'**Aubuisson**, sont tous de cet avis.

Non seulement l'eau naturellement filtrée sera toujours claire, mais encore, dans certaines limites, son abondance augmentera.

En effet, les infiltrations, en se frayant de toutes parts des issues pour arriver à la galerie, c'est-à-dire, au niveau abaissé où on les recueille, élargiront, peu à peu, leur passage dans les interstices du sable qui sont, pour elles, autant de conduits capillaires, et elles deviendront bientôt plus abondantes dans les galeries, en ce qu'elles y auront un plus facile accès. Voilà ce que la théorie indique, et ce que l'expérience démontre. Ce fait a dû se reproduire partout où il y a des galeries filtrantes ; mais, à cause de sa singularité, je suppose, on ne l'a pas généralement observé ; et il faut qu'il se soit manifesté bien ostensiblement dans les galeries d'Angers, pour que l'administration des eaux de cette ville le signale.

Ce n'est pas tout : Je dois faire aussi la part des eaux météoriques et pérennes fournies par tous les versants tributaires des bassins des fleuves, lesquelles s'infiltrent de toutes parts dans les graviers des plaines ; les unes à la surface, les autres à de grandes profondeurs. Ce sont encore là des sources nouvelles qui viennent augmenter, à chaque pas, la nappe souterraine qui nous occupe, et à laquelle elles arrivent parfaitement filtrées.

Les eaux de cette dernière catégorie sont très-abondantes dans les bassins des pays montagneux, comme les bassins de la **Durance** et du **Var**. Quand les eaux de ces rivières sont très-basses, alors que la plus grande partie de leur lit se trouve asséchée, les vastes graviers de leurs plaines continuent à être immergés à une petite profondeur au-dessous de la surface ; et, les galeries qu'on y aurait construit, continueraient à fonctionner. Ce n'est pas là de la théorie : qu'on aille visiter les bassins des fleuves pendant les grandes sécheresses, qu'on y creuse un peu le gravier, et on jugera. Mais voici des faits consacrés par une expérience déjà longue, et devant lesquels il faut s'incliner : A une différence presqu'inappréciable, toutes les galeries filtrantes déjà établies donnent des résultats constants. En été comme en hiver, pendant l'étiage, ou pendant les crues, maintenant comme autrefois, on a constaté, on constate toujours, le même rendement : voilà pour rassurer les plus timides.

Les galeries filtrantes ont été placées, jusqu'à ce jour, très-près des bords des fleuves, à vingt, trente mètres, plus ou moins. On a vérifié que, plus on les rapprochait du fleuve, moins on pouvait augmenter la pression sous laquelle les infiltrations se produisaient. Au-delà d'une

2.

certaine charge, dans ces cas, l'eau devenait un peu trouble ; en d'autres termes, on perdait en qualité ce qu'on gagnait en quantité.

Quand les galeries déjà construites présentent cet inconvénient, on y obvie en élevant, en temps de crue, le point d'écoulement de l'eau filtrée. En régularisant la pression, les infiltrations ne sont pas activées et restent limpides ; mais quand les galeries sont à construire, on n'a simplement qu'à les établir un peu plus loin de la rivière ; alors, on pourra les creuser davantage, et en les faisant fonctionner sous une plus grande dénivellation, on augmentera la quantité d'eau filtrée, sans qu'elle cesse d'être claire.

C'est ainsi qu'à Toulouse où la nouvelle galerie est construite à 40 mètres du bord de la rivière, on obtient par jour et par mètre carré de surface filtrante, huit mètres cubes d'eau parfaitement limpide, et ne se troublant jamais.

De plus, en raison de ce grand éloignement du bord, il n'y aura pas d'infiltrations horizontales provenant directement du fleuve ; par suite, il n'y aura plus à se préoccuper ni de la diminution possible de perméabilité du banc interposé entre le fleuve et la galerie, ni des limons qu'une infiltration trop véhémente, à travers cette lisière, pourrait entraîner en temps de crue. L'eau filtrée arrivera en siphonnant par la partie inférieure du lit de la galerie, et, principalement, par son radier. Elle proviendra, toute entière, de la grande nappe souterraine et restera limpide comme elle.

Les galeries filtrantes dont j'ai parlé seraient donc dans de meilleures conditions, si elles étaient un peu plus éloignées des rives, et un peu plus profondes ; mais, sans rien changer à leur état actuel, on peut en être satisfait, puisqu'elles donnent, en abondance, une eau excellente, parfaitement et constamment limpide.

II.

Lors donc qu'on a obtenu de si beaux résultats sur les rives de la Garonne, du Rhône, de la Loire, que n'a-t-on pas lieu d'attendre aux bords de la Durance, et particulièrement vers la prise du canal de Marseille, où tout se trouve merveilleusement réuni pour favoriser une semblable opération?

A partir de la prise actuelle du canal de Marseille au **pont de Pertuis,** s'étend en amont, d'un seul tenant, sur la même rive, et sur une longueur de quinze kilomètres, une vaste plaine dont le sous-sol se compose de sable et graviers.

Cette plaine, bordée d'un côté par la Durance, au cours extrêmement rapide en cet endroit, c'est-à-dire, possédant la puissance filtrante la plus considérable, est entourée de l'autre côté par une chaîne de collines d'où découlent les sources les plus nombreuses et les plus abondantes de tout le bassin de la Durance. Le sous-sol de cette vaste plaine constitue donc un grand réservoir souterrain d'eau naturellement filtrée, plus abondamment pourvu que ne le sont les autres plaines du même fleuve. Nulle autre n'est aussi favorablement disposée pour les galeries de filtration, et la tête du canal de Marseille ne se trouverait pas à cet endroit qu'il faudrait l'y établir.

La partie de cette plaine qui borde la Durance, sur une largeur de quatre à huit cents mètres, ne comprend, à peu près, que des graviers arides que l'on nomme **Iscles,** dans ces contrées, et dont une portion seulement est parsemée de saules ou de peupliers sauvages, rabougris et buissonneux, d'un produit insignifiant.

Sur quelques points, il est vrai, on remarque du sable vaseux ; et, jugeant du sous-sol par cette surface, dès esprits prévenus en ont tiré d'inexactes déductions.

D'abord, ces limons sont rares ; et, dans les parties où les galeries seraient ouvertes, là où je les ai vus, ils ne sont que superficiels. C'est un simple produit de colmatage que la récente construction de plusieurs digues y a favorisé ; mais à la profondeur où l'on creuserait les tranchées, les radiers seraient partout dans un gravier pur. Et, c'est par les radiers, principalement, que la filtration s'opère. A plus forte raison les radiers des bassins seraient-ils filtrants, puisque leur niveau serait à plusieurs mètres en contre-bas de ceux des tranchées. J'admets encore qu'on les creusât dans les quelques parties où le sol est recouvert de vase, alors que rien n'y oblige.

De même, les quelques pointes de roches qu'on pourrait trouver ne gêneraient pas. Elles seraient à des profondeurs assez considérables ; et, d'ailleurs, on pourrait les éviter.

Les quinze kilomètres d'iscles qu'il y a au-dessus du pont de Pertuis possèdent donc toutes les qualités requises pour une abondante filtration. Afin d'y établir des bassins et des tranchées, on n'aura, simplement, qu'à déblayer et à draguer des graviers et du sable ; et on ne sera gêné, nulle part, ni par la vase, ni par les roches, ce qui rendra l'opération facile et économique.

L'eau de la Durance, objecte-t-on, est, de toutes les eaux de nos rivières, la plus trouble et la plus difficile à filtrer. C'est vrai. Et, en la comparant, par exemple, à l'eau du fleuve dans lequel elle se déverse, le Rhône, on trouve que le **maximum** des limons contenus dans l'eau de celui-ci, n'équivaut pas à **la moitié de la moyenne** de de ceux qui sont charriés par l'eau de la Durance. Mais on observera aussi, que le courant du Rhône est **quatre à cinq fois plus faible**. Autrement dit, si la Durance est la plus trouble de nos rivières, elle est aussi, après le

Var, la plus rapide ; et, en raison de la plus grande impétuosité de son courant, les graviers du fond de son lit
sont plus agités, mieux lavés, et leur perméabilité mieux
ravivée ; enfin, la quantité d'eau limpide produite par ce
grand filtre naturel, en devient, proportionnellement, plus
considérable. La nature, en ceci, est plus habile que nous
dans ses moyens ; et, d'ailleurs, les faits sont là pour répondre.

De plus, cette grande déclivité du cours de la Durance
procure encore d'autres avantages qu'on ne rencontre qu'à
un degré moins élevé, sur les bords de la Garonne, du
Rhône ou de la Loire. On peut y creuser davantage les galeries, et ramener l'eau souterraine sur le sol, à une plus
petite distance en aval, par une pente naturelle.

Dans les iscles que je viens d'indiquer, sur quelque
point que l'on creuse on trouve de l'eau claire. Cette eau
se montre partout, dès qu'on arrive au niveau de l'étiage.
Elle afflue avec une telle abondance dans les excavations
que l'on a faites, qu'il faut employer d'énergiques moyens
pour l'étancher. Plus on abaisse le niveau de l'eau filtrée,
recueillie dans ces cavités, et plus les infiltrations devien-
nent actives. — Dès que la dépression atteint $1^m,20$ à $1^m,50$,
les infiltrations produisent $0,^{m\,c}00007$ à $0,^{m\,c}00009$, par
seconde, et par mètre carré de surface filtrante ; ce qui
fait 6 à 7 mètres cubes d'eau par mètre carré de filtre et par
jour. Et, pourvu que l'expérience soit faite à une distance
de 40 à 50 mètres de la rivière, l'eau produite est excellente, à tous égards ; sa température est, à peu près, constante, et sa limpidité reste parfaite.

On voit donc que, dans les graviers de la Durance, l'eau
naturellement filtrée se produit avec autant d'affluence que
dans ceux de la Garonne, de la Loire ou du Rhône ; et,
qu'elle y a les mêmes qualités.

Quant à la quantité totale d'eau filtrée qu'on peut obtenir, je me bornerai à observer qu'**avec des gale-**

ries suffisamment développées on pourrait y faire filtrer la Durance toute entière ! Or , la Durance a un débit variant de 60 à 2,000 mètres cubes par seconde, entre la limite de l'étiage et celles des grandes crues ; et , en outre , indépendamment de l'eau provenant de la rivière , les eaux de source que produisent, dans leur immense développement , les versants du bassin de la Durance, et tous ses versants tributaires , contribuent pour une forte part à alimenter, directement, la nappe souterraine.

Je n'exagère donc point en affirmant que , sur cette longueur de graviers de 15 kilomètres s'étendant , sur la même rive, au-dessus du pont de Pertuis, on capterait aisément assez d'eau limpide pour alimenter **deux canaux** comme celui de Marseille. Et cependant , il est à supposer que, si on ouvrait un second canal dans ces mêmes iscles, on aurait besoin d'un plus grand développement de galeries , qu'il n'en fallut au premier , pour obtenir la même quantité d'eau. En d'autres termes, on peut supposer, qu'en opérant sur une très-grande échelle , la surface filtrante , au lieu de rester proportionnelle à la quantité d'eau filtrée, suivrait une progression quelconque.

Maintenant, si, au pont de Pertuis, on prend l'eau filtrée dans les graviers , au lieu de prendre l'eau trouble à la rivière , la quantité d'eau qui coule dans la rivière augmentera , à partir de ce point ; car , on lui rendra les six à sept mètres cubes d'eau qu'on en dérive , actuellement, pour alimenter Marseille ; tandis que la quantité équivalente d'eau filtrée prise , en échange , dans la nappe souterraine , sera empruntée, à la fois , aux sources diverses qui alimentent cette nappe , et dont les infiltrations de la rivière ne constituent qu'une part contributive.

Et, d'ailleurs , on peut considérer la nappe souterraine comme à peu près perdue pour la rivière , puisqu'elle s'écoule, lentement, dans les graviers , et qu'elle ne se mêle, sensiblement, aux eaux de la rivière, que vers sa région inférieure, là où son cours est le moins rapide, là où ses eaux sont les plus abondantes, et partant le moins utiles; tandis qu'une grande partie va se perdre directement, et toujours souterrainement, ou dans le Rhône ou à la mer.

On augmentera donc le débit de la Durance en prenant l'eau du canal dans les iscles qui la bordent. Et, y prendrait-on dix mètres cubes, au lieu de six à sept, que les six à sept mètres cubes rendus à la rivière, la grossiraient encore ; car, de ces dix mètres cubes d'eau filtrée, il faudrait déduire toute l'eau qui ne vient pas de la Durance; et toute celle qui, provenant des infiltrations de la Durance, allait se perdre, souterrainement, au Rhône ou à la mer, avant le creusement des galeries. On peut enfin conclure **qu'en laissant l'eau de la rivière, et prenant celle des graviers, le débit de la Durance augmentera.**

En outre, cette nappe souterraine où je propose de puiser, non seulement ne profite à personne, dans les terrains déserts et dévastés dont elle occupe le sous-sol; mais encore, elle nuit aux populations voisines et à la salubrité générale, en ce qu'elle entretient d'infects marécages sur plusieurs points. Cette nappe limpide souterraine est donc maintenant **inutile et nuisible.**

Et, cependant, aucune autre eau ne serait plus agréable, plus bienfaisante, comme boisson; aucune ne conviendrait mieux à l'irrigation à cause de sa température uniforme. C'est un trésor qui se perd, et qu'il importerait d'exhumer, le plus possible, en faveur de nos villes et de nos champs.

Or, puisque cette nappe dans son état actuel est inutile, nuisible même, et que, virtuellement, en considérant son emploi, elle est si bienfaisante, si précieuse, **qu'on y puise donc abondamment** ! Les habitants qui bordent la plaine continueront à être arrosés, comme ils le sont en ce moment, par les sources et les ruisseaux des collines , ou par les eaux dérivées de la Durance jusqu'au pont de Mirabeau. Et ce système de drainage aux grandioses proportions qui donnera l'eau pure à Marseille, assainira , en même temps, le pays où il aura été pratiqué. C'est ainsi qu'il convient à une noble ville d'employer son intelligence et son argent : s'enrichir en faisant le bien.

Lors donc qu'on a de l'eau excellente et toujours limpide, à côté et au-dessus du niveau de la prise du canal de Marseille , et qu'on n'a , de toutes parts , que du bien à faire en la recueillant , je demande , ce que le bon sens dit à tous , je demande qu'on prenne cette eau claire et saine , en place de l'eau malfaisante et bourbeuse qui coule à côté. Que Marseille donne l'eau claire des graviers , à ses jardins , à ses fontaines , et quelle laisse les limons de la Durance pour atterrir les iscles et la **Crau**. Ainsi , chaque chose recevrait un judicieux et utile emploi.

La pente générale des graviers qui bordent la Durance étant conforme à celle de la rivière ; c'est-à-dire étant de deux millimètres et demi par mètre ; et une pente de un millimètre par mètre étant plus que suffisante pour le radier des galeries, on pourrait gagner, si on voulait , au-dessous du niveau de la rivière , $1^m,50$ par kilomètre de galerie , ce qui dépasse de beaucoup la limite des besoins. Par conséquent, sans le secours d'aucune machine , toute l'eau filtrée de ces galeries coulera , par une pente naturelle , dans le canal actuel ; lequel enfin sera utilisé d'un bout à l'autre.

La quantité d'eau filtrant à travers les graviers contigus à la prise actuelle du canal , étant plus considérable qu'il ne faut , les moyens de recueillir cette eau étant connus et pratiqués en maint endroit, dans des conditions moins favorables , et cependant toujours avec succès ; je crois , qu'à moins de pécher par ignorance , on ne pourra pas sincèrement contester , pour le cas qui nous occupe , la réussite complète d'une semblable entreprise.

Tous les avantages que j'annonce étaient connus ; et la seule raison qui ait empêché d'en profiter a été, jusqu'à présent, la question de la dépense.

Les galeries filtrantes souterraines, les seules qu'on ait construit encore, sont très-dispendieuses. A moins d'énormes frais, elles ne peuvent être établies que dans des proportions restreintes. Celles que nous possédons, quoique fort importantes par le service, qu'elles rendent et l'argent qu'elles ont coûté, ne sont pourtant que de tous petits modèles, à côté de celles qu'il faudrait creuser pour fournir le canal de Marseille. Les plus importantes d'entre elles ne donnent que la trentième ou quarantième partie de l'eau dont Marseille a besoin. Et comme, dans les proportions où il faudrait les établir ici, la construction des galeries filtrantes souterraines présenterait de grandes difficultés, et qu'on doit, dans ces cas, faire une large part à l'imprévu, on peut évaluer, à priori, que la dépense occasionnée par l'établissement de galeries souterraines suffisantes pour recueillir dans les graviers de la Durance, **sept mètres cubes** d'eau naturellement filtrée par seconde, s'élèverait à près de **neuf millions de francs** ; ou, à **dix millions** environ, en y ajoutant les frais d'endiguement ou achat de terrains ; et, cette dépense se rapprocherait de **quinze millions de francs** pour **dix mètres cubes**. Or, la ville de Marseille n'a pas été, et ne serait pas disposée, je suppose, à faire encore d'aussi énormes sacrifices.

Et si, au lieu de sept ou dix mètres, on se bornait à prendre **un seul mètre cube** d'eau, naturellement filtrée, dans les graviers de la Durance, et, qu'on amenât cette eau à Marseille, dans une conduite latérale au canal, ou immergée dans le canal, les frais nécessités par la production, et principalement par le transport séparé, de ce mètre cube d'eau filtrée, équivaudraient, presque, à la dépense que je viens d'évaluer pour l'obtention de sept mètres cubes. Il faudrait, en outre, doubler la canalisation de la ville — autre million à dépenser. — Ce projet ne supporte pas l'examen. Ne songeons donc qu'à amener à Marseille, sept mètres cubes d'eau pure, ou mieux encore, un plein canal d'eau pure ; et voyons s'il n'y aurait pas un système économique pour atteindre ce but important, cet idéal !

Il y a un moyen bien simple de réduire les frais de construction que les galeries voûtées occasionnent, c'est de supprimer les murs et les voûtes ; c'est de remplacer enfin ces galeries souterraines par des **tranchées** ou des **bassins à ciel ouvert**. Par cette seule modification, on sauve, d'un trait, dans la construction des galeries, les **quatre cinquièmes des dépenses**, et, on économise, au moins, **les quatre cinquièmes du temps**.

Pour construire les galeries filtrantes souterraines, il faut, d'abord, commencer par ouvrir une tranchée à ciel ouvert, c'est-à-dire, par faire tout le travail que je propose. Mais, ce n'est là que la plus minime partie de l'entreprise ; il faut maçonner ensuite, au dessous de l'étiage, au milieu de toutes les difficultés occasionnées, quelque fois par un sol mouvant, et toujours par d'abondantes infiltrations d'un épuisement à peu près impossible. — Enfin, il faut remblayer quand tout est bâti. Or, que de dépenses ! que d'éventualités ! que de perte de temps !

Au lieu de cela, la partie du travail la plus économique, les déblais, celle qui, avec nos moyens de dragages actuels est exempte de difficultés, puisqu'elle s'effectue aussi bien dans l'eau que hors de l'eau , une fois achevée, **tout est fait!** Quoi de plus simple ? Qui donc, se demande-t-on, n'y aurait pas songé ?

Nous avons tous vu, en effet, des bassins et des tranchées, à ciel ouvert, construits pour d'autres emplois. Les réservoirs d'un grand nombre d'usines sont alimentés, en grande partie, par des eaux d'infiltration, dont l'accumulation fournit des forces motrices plus ou moins considérables. Les viviers, les abreuvoirs, les puits même, sont de petits réservoirs filtrants à ciel ouvert ; les fossés et les canaux de dèsséchement sont encore des tranchées filtrantes ouvertes ; et, ce sont ces étangs et ces fossés qui m'ont donné l'idée d'employer, sans autres frais, le produit de leurs infiltrations, à l'**alimentation des villes**, et d'éviter ainsi, à l'avenir, les frais énormes exigés pour bâtir et pour voûter les galeries.

D'autres y avaient songé, avant moi, mais ils se sont arrêtés en chemin, sans résoudre la question. Un bassin filtrant, à ciel ouvert, fut essayé à Toulouse, avant même l'établissement des galeries souterraines actuelles. Mais, on le creusa trop peu au dessous de l'étiage, les infiltrations étaient par conséquent très-faibles. — Une pente trop faible aussi procurait à cette eau un difficile écoulement. Il en résulta qu'une couche d'eau très-mince, et presque dormante, recouvrit à peine le fond du bassin ; que cette eau, échauffée par le soleil, ainsi que le radier qu'elle recouvrait, engendra en abondance, des productions cryptogamiques, qui en altérèrent la pureté.

On ne chercha ni cause ni remède, le bassin fut comblé ; et, depuis cette époque, on dit et on se transmet, de l'un à l'autre, que ce système ne vaut rien.

Si on eût abandonné de même toutes les tentatives qui, dès le premier essai, ne donnèrent pas un succès complet, je demande où nous en serions dans le domaine de l'industrie, aussi bien que dans celui de la science, alors qu'il faut tant de peine, tant de travaux réitérés, pour assurer un pas nouveau, pour réaliser la plus petite amélioration ?

J'ai repris ce problème abandonné, et je l'ai résolu.

En creusant davantage le bassin, j'augmente la couche d'eau, et, j'en active le renouvellement en produisant les infiltrations sous une dénivellation plus grande. L'inconvénient des eaux trop maigres et stagnantes disparaît. C'est ainsi que j'ai rendu efficaces et éminemment avantageux, les bassins à ciel ouvert, qui sans ce simple perfectionnement, eussent été inapplicables. J'ai donc par le fait, **créé** ce système.

Et, le perfectionnant encore, je remplace souvent les bassins par les tranchées, soit simples, soit ramifiées, mais toujours à ciel ouvert.

Toutes les galeries filtrantes que nous avons eu France sont voutées, c'est-à-dire, **souterraines**. Nous n'en avons **aucune à ciel ouvert.** En indiquant les avantages que celles-ci peuvent avoir, et en donnant les moyens satisfaisants de les construire, sans m'attribuer un grand mérite pour cette simple, mais nouvelle application. j'ai eu, du moins, le droit de profiter des bénéfices que la loi accorde aux inventeurs. C'est ce que j'ai fait : Je suis breveté, depuis cinq ans, pour les **bassins filtrants et les tranchées filtrantes à ciel ouvert.**

Du reste, quelque simple, quelqu'élémentaire que soit l'idée que j'ai fait breveter, les résultats que sa réalisation procurera, n'en auront pas moins une importance capitale. En procédant à ciel ouvert, en économisant, dans la construction des galeries, les quatre cinquièmes de la dépense et du temps, en supprimant toutes les difficultés d'exécution, je rends ainsi possible, **sur la plus grande échelle**, l'application d'un système, éminemment avantageux, qu'on n'avait pu encore employer **qu'en petit.**

Les bassins filtrants, à ciel ouvert, devront être creusés profondement ; et, on maintiendra sur leur radier, une épaisse couche d'eau, tout en plaçant leur déversoir le plus bas possible au-dessous de l'étiage. On aura ainsi, d'une part, dans le bassin, une couche d'eau suffisante ; et, en outre, les infiltrations ayant lieu sous une plus forte charge, deviendront plus abondantes. Les algues, les infusoires, ces productions des eaux stagnantes et échauffées, et les seules qui soient nuisibles, ne peuvent plus s'y former, par l'effet de ces deux conditions réunies : la profondeur de l'eau et son prompt renouvellement. C'est à peine, dès-lors, si quelques végétaux phanérogames pourront s'y produire; et, ceux-là ne nuiront pas plus, dans ces réservoirs, ainsi modifiés, qu'ils ne nuisent dans les profonds bassins de nos plus belles fontaines, où l'on voit, quelquefois, leurs longues tiges serpenter au courant de l'eau.

Et, quant aux tranchées à ciel ouvert, lesquelles tiennent à la fois lieu de galerie filtrante et de canal de fuite; en leur donnant une pente suffisante, et une largeur proportionnelle au volume d'eau à évacuer, soit qu'elles prennent naissance dans un bassin, soit que, plus étroites à leur origine, elles s'élargissent graduellement, d'amont en aval : on aura, tout simplement, constitué là une rivière ou un ruisseau artificiels, dont l'eau, pas plus que celle des rivières ou des ruisseaux naturels, — et moins encore, en raison de sa grande pureté, — ne s'altèrera jamais en courant.

On comprend, cependant, eu égard au maintien de l'égalité de température, l'avantage des galeries filtrantes voûtées, lorsqu'on n'a besoin que d'une petite quantité d'eau, que cette eau est captée à côté même des lieux où on la distribue, ou qu'un canal voûté l'y amène. Mais dès l'instant que le canal d'amenée est lui-même à ciel ouvert, et, surtout, quand son trajet est long, je ne vois plus la moindre raison discutable pour voûter les galeries.

La ville de Marseille, en particulier, n'objectera pas, pour son compte, les inconvénients imaginaires d'une addition à son canal de quelques kilomètres de tranchées à ciel ouvert, alors que le canal, lui-même, avec ses dérivations, dont le développement total est de 161 kilomètres, est construit à ciel ouvert, sur 140 kilomètres de longueur; alors surtout, que la partie de l'eau qui est spécialement destinée à la ville est apportée au **bassin de Long-champ**, par un canal de **90 kil., dont 73 à ciel ouvert.** Et si, pour avoir de l'eau plus fraîche, pour éviter les feuilles mortes tombant des arbres, la poussière apportée par le vent, les pertes causées par l'évaporation, ou pour toute autre cause, on proposait de voûter les galeries filtrantes, il faudrait également voûter 73 kilomètres du canal qui apporterait cette eau à Marseille. Or, la branche principale du canal de Marseille, ainsi que toutes ses dérivations, devant rester à ciel ouvert, il n'y a pas lieu de s'occuper des prétendus inconvénients attribués à cet état de choses, à l'égard de l'appendice à construire.

On pourrait, cependant, répondre quelques mots :

Le canal de Marseille est bordé d'arbres sur une grande partie de son parcours. Si les feuilles des arbres gênent au canal, on ne plantera point d'arbres au bord des tranchées qu'il reste à ouvrir. Le canal de Marseille, sur quelques points, passe à côté des routes ou des chemins où le vent soulève des nuages de poussière. Si cette poussière est un inconvénient pour le canal actuel, on pourra se féliciter que les tranchées en soient exemptes. — Celles-ci n'auront dans leur voisinage que des graviers, des saules et de l'eau. Nulle part du sable mouvant, et y en aurait-il qu'on le fixerait. On conviendra que ces objections, qui ne sont pas sérieuses au sujet du canal actuel, le sont encore moins au sujet des bassins ou des tranchées à y ajouter. Je ne puis pas prévoir toutes les autres objections qu'on pourrait faire. S'il s'en élève encore, j'espère que je serai à même d'y répondre ; et, en tous cas, le bon sens public les jugera.

L'objection relative à la température est la plus sérieuse: L'eau de la Durance étant trouble, s'échauffe beaucoup plus en été que si elle était limpide, et la chaleur, cet énergique agent de décomposition, y développe davantage les principes putrescibles qu'elle contient. Ces effets se produisent

dans tout le cours de la Durance , et ils augmentent sensiblement dès que l'eau entre dans le canal, parce que sa
marche y est considérablement ralentie , quelquefois même
à peu près suspendue, comme il arrive dans les bassins de
décantation. C'est ainsi qu'à l'égard des eaux troubles, la
chaleur devient doublement pernicieuse.

L'application de mon système changerait entièrement
cet état de choses. D'abord, l'eau naturellement filtrée,
provenant des couches souterraines, aurait toujours une
température uniforme en entrant dans le canal ; et, pendant son trajet, depuis le point de son émergence jusqu'à
Marseille, elle s'échaufferait ou se refroidirait peu , parce
qu'elle serait limpide, parce qu'elle serait plus abondante,
parce qu'en raison de sa plus grande abondance son courant serait accéléré ; et, enfin, étant parfaitement pure,
la chaleur ne serait jamais, pour elle, une cause d'altération. Donc, au point de vue de la température, aussi bien
que sous tous les autres rapports, l'eau naturellement filtrée que je conseille de substituer à l'eau trouble de la
Durance, arriverait à Marseille dans des conditions satisfaisantes. On comprend, en outre, que l'eau qui chemine-
rait pendant la nuit dans le canal, y conserverait, en été,
presque toute sa fraîcheur ; et quant à celle que les rayons
du soleil auraient un peu échauffée, ou que la rigueur de
la saison aurait trop refroidie, son séjour dans les bassins
voûtés de distribution, dans les conduites souterraines, et
dans les bassins d'approvisionnement des maisons particu-
lières, lui communiquerait de nouveau cette température
constante, relativement fraîche en été, tempérée en hiver,
qui rend si agréables et si bienfaisantes les eaux de source.

Je ne puis donc voir aucun inconvénient, pour le canal de
Marseille, à creuser les bassins ou les tranchées de capta-
tion, à ciel ouvert, comme l'est lui-même le canal ; et je dis
plus : dût-on, en procédant ainsi, ne tenir aucun compte,
de la réduction d'environ trois-quarts sur la dépense gé-

nérale, réduction résultant de la différence entre le **coût** des galeries voûtées et celui des galeries ouvertes, que, pour le cas qui nous occupe, les tranchées ou les bassins à ciel ouvert seraient **préférables** ; car, s'il y avait jamais quelques travaux à faire, d'élargissement, de creusement ou autres, on ne serait pas gêné pour les exécuter ; et, on n'aurait besoin de rien détruire.

Au point de vue hygiénique, d'ailleurs, il importe que l'eau soit soumise aux influences atmosphériques, **quand elle est pure**, afin qu'elle s'aère, qu'elle s'oxygène mieux ; et, il est à souhaiter, dans ce cas, qu'elle ait à parcourir un long trajet à ciel ouvert ; d'autant plus, comme je l'ai dit, qu'on peut lui rendre, à destination, la température moyenne des eaux de source.

On devra donc, préférablement, chaque fois que les circonstances le permettront, placer les galeries filtrantes loin des villes ; et, pour cette raison capitale encore, qu'en conduisant l'eau filtrée dans un canal moins déclive que le lit de la rivière, elle arrivera sur les points culminánts de la ville, sans le secours d'aucune machine élévatoire.

A ceux qui douteraient encore de l'efficacité de mon système, et qui ne voudraient pas se donner la peine de renouveler les études qui ont été faites dans les graviers de la Durance, je leur dirais d'aller au bord du **Var**, rivière cependant beaucoup moins importante que la Durance, et où la somme des infiltrations est moindre. Ils verraient là un exemple qui les édifierait.

Sur la rive gauche du Var, depuis la mer jusqu'au village de **Saint-Martin**, une digue longitudinale, en cours d'exécution, protége une grande étendue de terrain que le Var dévastait pendant ses crues. Là des fossés ont été creusés, les uns pour draîner le sol, les autres pour conduire les eaux de colmatage. Ces fossés se sont aussitôt remplis d'eau pure par infiltration; et, en s'anastomosant ensuite, ils ont donné naissance à un ruisseau d'eau limpide. Un meunier n'a trouvé rien de plus simple que de prendre cette eau pour faire tourner son moulin. J'ai visité ce moulin en explorant les bords du Var. Chacun peut le voir de ses yeux. Il est situé dans la plaine même du Var, **commune de Sainte-Hélène**, près du **pont du Var**, et de la digue transversale qui porte le nom de **digue des Français.**

Admettez maintenant qu'au lieu de quelques petits fossés vous creusiez, dans les graviers de la même plaine, de grandes tranchées ou de grands bassins , et, les infiltrations réunies de ces bassins ou de ces tranchées suffiront à mouvoir plusieurs moulins. Supposez, enfin, qu'au lieu d'employer cette belle eau filtrée à faire tourner des roues, vous l'ameniez à **Nice** pour alimenter les fontaines, ce serait justement l'application de mon système; c'est-à-dire, **l'eau naturellement filtrée recueillie dans des bassins ou des tranchées à ciel ouvert, pour alimenter une ville en eau limpide.**

Dans l'eau motrice du moulin du Var, il y a, en même temps, des eaux d'infiltration provenant de la rivière, et des eaux de source venant des montagnes. Mais, un peu plus loin, l'exemple est plus remarquable encore, en ce qu'il ne peut être attribué qu'aux infiltrations de la rivière. — Au pied de la digue longitudinale, on a commencé le fossé destiné à l'opération du colmatage qui doit suivre; et, quoique ce fossé soit inachevé , que ce ne soit qu'une mince rigole, l'eau s'y infiltre avec tant d'abondance, qu'à quelques pas plus bas on a un vrai ruisseau. Et cette eau, comme celle du moulin, est fraîche, claire, excellente. Il serait à craindre qu'à une si faible distance de la rivière, si on creusait profondément, et que la filtration s'opérât sous une pression trop grande, l'eau ne cessât d'être limpide ;

mais,.éloignez-vous un peu de la digue, ouvrez là de profondes tranchées, et, au milieu de ces graviers, dont l'aridité actuelle rappelle le Sahara, tout à côté d'un fleuve
presqu'aussi limoneux que la Durance, coulera, désormais,
un gave plus pur que le plus pur des Pyrénées.

Pourquoi donc songe-t-on à **Nice**, à dériver une rivière
pour alimenter la ville, quand cette rivière, que ce soit la
Vésubie ou toute autre, est sujette à se troubler et présente tous les inconvénients des autres rivières, alors qu'on
a, dans les graviers du Var, à une altitude suffisante,
beaucoup plus d'eau, naturellement filtrée, qu'il n'en faudrait, et que le Var va être complètement et parfaitement
endigué dans toutes les parties où on devrait creuser les
galeries ? La dépense serait très-peu considérable, et, en
raison de la pureté des graviers et de la pente extraordinaire du Var, on pourrait compter là sur 6 à 7 mètres cubes d'eau filtrée par mètre carré de filtre.

Pourquoi donc parle-t-on, à **Nîmes**, de dériver une
partie des eaux limoneuses du Rhône, quand on a partout, dans les graviers qui bordent le Rhône, et en abondance, de l'eau claire ?

Si, à cause de la cherté des terrains, ou pour un motif
quelconque, vous avez peu d'espace, remplacez les tranchées par de grands bassins, creusez davantage, et l'obsta-
cle est levé.

Oui, riverains de tous les fleuves, ou du moins de la
partie de ces fleuves dont le cours est rapide, et dont le lit
est perméable, vous avez tous, dans les graviers de la rive,
à côté des eaux contaminées que vous buvez, des eaux
bienfaisantes et pures, trésors cachés qui, comme les pré-
cieux limons de vos rivières vont, depuis des siècles, se
perdre à la mer. Quelques circonstances favorables réunies
sur les bords du Var, indépendamment de toutes vos com-
binaisons : une pente naturelle, un fossé creusé, ont ra-
mené, sur le sol, une portion de ces belles eaux. Sorties

dû gravier, elles s'écoulent, un peu plus loin, à la surface. Vous avez là, sous vos yeux, un spécimen de ces nappes limpides souterraines qui accompagnent tous les fleuves. Aveugle maintenant qui ne les voit pas.

Ces eaux d'infiltration des graviers des fleuves sont **préférables aux eaux de source et aux eaux de rivière**, parce qu'elles réunissent tous leurs mérites, sans avoir aucun de leurs inconvénients. Elles ont la limpidité, l'uniformité de température des eaux de source, sans être chargées, comme la plupart de celles-ci, de substances salines qui nuisent à la santé, et obstruent les tuyaux de conduite par leurs concrétions; elles ont toute la légèreté des eaux de rivière, sans leurs limons, sans la variabilité de leur température, sans les matières organiques qu'elles contiennent plus ou moins. En un mot, préférables aux eaux de rivière et aux eaux de source, les eaux d'infiltration des graviers des fleuves, réunies dans les tranchées, constituent, à la fois, les plus belles rivières, et les meilleures sources qu'il y ait au monde.

Je me résume. Toutes les rivières sont plus ou moins sujettes à se troubler. Toutes entraînent des matières organiques et putrescibles, des détritus végétaux en décomposition, souvent des cadavres d'animaux noyés par accident ou abandonnés au courant par une coupable incurie. L'eau des rivières prend la température de l'air. Tantôt chaude, tantôt glacée, plus ou moins limoneuse, elle est désagréable à boire; et d'autres fois, quand elle a été décantée à ciel ouvert, les particules délétères qu'elle contenait s'étant développées pendant le repos, rendent son insalubrité plus grande encore. Laissez donc couler les flots boueux des rivières, et puisez l'eau pure dans les graviers de leurs bords. Et quand cette eau, naturellement filtrée, devra être transportée au loin, dans un canal ouvert, recueillez-la, de même, dans des bassins ou des tranchées à ciel ouvert, et vous économiserez, sans aucun inconvénient, les quatre-cinquièmes de la somme que la construction de galeries couvertes eût exigée. Procédez à ciel ouvert, encore, dussiez-vous ne pas transporter l'eau au loin, chaque fois que vous aurez à produire une abondante rivière d'eau filtrée ; parce que, dans ce cas, les galeries voûtées occasionneraient des dépenses inabordables. Tout cela est si évident qu'on n'aurait pas dû avoir besoin de le dire ; et, une fois dit, on n'a plus besoin de le démontrer.

La ville de Marseille possède le plus beau canal-aqueduc qu'il y ait au monde, — car celui du **Croton**, à **New-York**, qui était, avant lui, le plus remarquable, ne peut pas lui être comparé, — et elle érige, en ce moment, pour le terminer, le plus splendide château-d'eau. Tout doit être grandiose et beau dans ce monument de bienfaisance et de génie : la prise de ce canal, la seule partie défectueuse, peut être transformée, par une entreprise d'un caractère hardi, sans aucun autre exemple, et, bientôt, une rivière de cristal, aussi saine, aussi pure que les fontaines de **Vaucluse** et de **Gémenos**, arriverait sur les hauteurs de Marseille et de ses environs, et jaillirait par toutes ses fontaines, au lieu de l'eau trouble qui les souille encore ; elle serait préférable même aux belles sources que je viens de citer, en ce que, en été comme en hiver, son débit ne varierait pas, et les Marseillais pourraient dire, au surplus, que ce grand résultat aurait été obtenu, **sans déposséder personne, sans nuire à personne** ; car l'eau qui serait recueillie s'écoule inutilement, aujourd'hui, dans sa marche souterraine, ou nuit en stagnant, et en la ramenant à la surface, elle deviendrait une rivière, dont on serait le **créateur**. Créer une rivière, assainir un pays, enrichir tous ses habitants, tel est, d'abord, à la Durance, le résultat qu'on obtiendrait. **Nous examinerons plus loin ce qu'y gagnerait Marseille.**

On appliquerait mon système de tranchée et de bassins filtrants à ciel ouvert, avec telles dispositions que l'on jugerait convenables. Ce sont là des questions de détails à examiner.

III.

Le produit des infiltrations devant être proportionnellement plus considérable ; si les galeries filtrantes sont
moins étendues, dans un espace donné, — et les graviers
voisins de la rivière donnant plus d'eau filtrée que ceux qui
en sont éloignés, — il y aura intérêt à acheter les graviers
de la rive sur une grande longueur. Par ce moyen , on
aurait besoin d'un moins grand développement de galeries,
pour produire la même quantité d'eau ; on les creuserait
moins profondément , et l'économie , ainsi réalisée , dé_
passerait, peut-être , le supplément de dépense occasionné
par l'acquisition et la protection d'une surface de graviers plus grande.

On achèterait, d'abord tous les iscles ou graviers qui
bordent la Durance , à partir de l'origine actuelle du canal
de Marseille au pont de Pertuis , jusqu'au **rocher de
Canteperdrix** , non loin du **pont de Mirabeau,**
où la montagne s'avance jusqu'au bord de la rivière.

Ces graviers sont compris dans les trois communes de
Meyrargues , de **Peyrolles** et de **Jouques.**
600 hectares, environ , bordant la grande plaine de Meyrargues et de Peyrolles , et 300 hectares, dépendants de la
commune de Jouques. Ensemble 900 hectares.

Ces 900 hectares d'iscles forment une lisière de 400 et
jusqu'à 800 m. de largeur, sur une longueur de 15 kilom.
Et , quoique cette étendue soit beaucoup plus grande qu'il
ne faudrait pour produire , avec des galeries suffisamment développées , dix mètres cubes d'eau filtrée par

seconde, mon opinion est que la ville de Marseille devrait d'abord les acquérir; elle le devrait, pour les raisons d'économie que j'ai déjà expliquées ; elle le devrait, surtout, par cette considération, plus grave encore, qu'on pourrait aisément y recueillir une quantité d'eau plus grande que celle qui est maintenant requise, et que ce supplément serait avantageusement utilisé.

Les quelques mètres d'eau filtrée, qu'en sus des dix mètres on pourrait **économiquement** obtenir, constitueraient une précieuse réserve, soit pour la ville de Marseille elle-même, soit pour une autre contrée, qu'elle pourrait fertiliser et enrichir, en faisant au canal une nouvelle dérivation. Si cette dérivation avait lieu avant d'arriver aux tunnels, le travail se réduirait, pour le canal, à exhausser un peu les berges, et, sur quelque point qu'elle eût lieu, elle deviendrait partout fructueuse, car partout, dans ces pays, on a besoin d'eau.

En un mot, et personne ici ne me contredira, tant que la ville de Marseille pourra prendre de l'eau limpide, à bon marché, dans son filtre naturel, son intérêt sera de la recueillir. Plus elle en aura, plus elle en vendra. Il importe donc que ce filtre soit le plus étendu possible, cette grande source d'eau pure devant être une grande source de richesses.

Mais laissons cette expectative à l'avenir, et ne nous occupons que des travaux immédiatement exigés pour substituer, dans le canal, l'eau filtrée des graviers à l'eau trouble de la rivière.

Dès que les iscles seraient achetés, le premier travail à entreprendre, consisterait à achever d'**endiguer** la rivière, depuis le pont de Pertuis jusqu'au rocher de Canteperdrix. Sans cela, l'inconstance et l'impétuosité de son cours exposeraient les bassins ou les tranchées, dès les premières crues, à des affouillements, qui, sur un point ou sur un autre, amèneraient leur prompte destruction.

Et ces galeries, fussent-elles voûtées, qu'à cause des mêmes dangers, l'endiguement serait indispensable.

Les craintes qu'on avait conçues, dans le principe, sur la solidité des digues qu'on construirait aux bords de la Durance, n'existent plus. On sait très-bien, maintenant, pourquoi certains essais ne furent pas heureux ; et, connaissant l'écueil, on l'évite. Les dernières expériences faites sont complètement satisfaisantes, et j'espère, qu'à l'avenir, on pourra faire aussi bien, sans dépenser autant, — ou mieux, sans dépenser plus.

La somme que la ville de Marseille aurait à dépenser, pour l'endiguement, est beaucoup moins considérable qu'on ne pense.

La digue à construire au bord de la Durance ne serait que la continuation des travaux tracés par l'administration, et déjà commencés, pour donner un lit normal à cette rivière.

Or, l'Etat, dans l'intérêt de la richesse et de la sécurité publiques, voulant faciliter la prompte exécution de cette urgente entreprise, participe, pour un tiers, aux dépenses d'endiguement ; l'administration départementale y contribue pour un autre tiers; tandis que les propriétaires riverains n'ont à payer que le tiers restant.

Conséquemment, ce qui a été déjà fait dans cette localité, pour l'endiguement de la Durance, devant continuer à s'appliquer aux digues qu'il reste à construire ou à exhausser pour compléter ce travail, les propriétaires riverains n'auront à payer que le tiers de la somme que ce restant de digues coûtera, et la ville de Marseille, en sa qualité de co-propriétaire des terrains protégés, paiera, sur ce tiers, la part afférente déterminée par la nature et l'étendue du terrain qu'elle y aura acquis.

Ces travaux, ai-je dit, ont déjà reçu un commencement d'exécution dans les communes de Meyrargues et de Peyrolles, où la grande valeur des terrains à protéger, plus encore que la vaste étendue de ceux à conquérir, rend l'endiguement indispensable. Plusieurs digues transversales et longitudinales y sont déjà construites.

Et dans la commune de Jouques, où on a également fait d'importants travaux, je pense que l'Etat, en raison de la protection que l'endiguement procurerait à la route des Basses-Alpes, qui est exposée aux corrosions de la Durance, participerait pour une plus forte part aux frais d'endiguement.

En tous cas, les cinq kilomètres de digue à construire en cet endroit, ne devant protéger d'autres terrains que les iscles acquis par la ville de Marseille, celle-ci, à elle seule, représentant toute cette commune, aurait à payer le tiers des dépenses, en admettant que l'Etat n'y participât que pour un tiers, ainsi qu'il le fait dans les communes voisines.

Les communes de Meyrargues et de de Peyrolles ont constitué des syndicats, au sujet du règlement et de l'administration de leurs intérêts pour tout ce qui concerne les travaux d'endiguement de la Durance.

Les terrains sujets aux inondations ont été divisés en cinq classes ou zones, chaque zone devant participer aux frais d'endiguement dans la proportion des avantages qu'elle en retirerait.

La première zone, qui est la plus exposée, devait payer, d'après la superficie, 50 pour cent des dépenses, et par son procès-verbal du 24 août 1849, la commission spéciale, instituée par la commune de Peyrolles, a fixé cette proportion à 55 pour cent. La ville de Marseille devant établir ses galeries filtrantes dans les iscles de la première catégorie, et possédant cette première zone tout entière, aura à payer 50 ou 55 pour cent sur le tiers de la dépense incombant à ces deux communes; en d'autres termes, elle aura à payer environ, le sixième de la dépense occasionnée par l'endiguement.

Ainsi donc, le gouvernement n'accordât-il aucune faveur particulière à la commune de Jouques, que, pour l'accomplissement des travaux que je propose, la ville de Marseille aurait à participer aux frais d'endiguement de la Durance, ainsi qu'il suit : **pour un sixième**, dans les communes de Meyrargues et de Peyrolles ; **pour un tiers**, dans la commune de Jouques.

Dans le cas où les communes de Meyrargues et de Peyrolles ne pourraient pas débourser actuellement, pour ces travaux, la somme qui les concernerait, comme elles ont le plus grand intérêt à ce qu'on préserve leurs propriétés des envahissements de la Durance, et quelles en ont, en outre, le plus grand désir, si la ville de Marseille voulait faire à ces communes les avances dont elles auraient besoin pour cet objet, celles-ci s'engageraient, avec empressement, à rembourser un peu plus tard la somme qui leur aurait été prêtée, avec les intérêts ; ou bien, elles offriraient des iscles pour se libérer immédiatement, ce qui concilierait toutes les parties. — Les communes désirant les vendre, et Marseille ayant besoin de les acheter.

En un mot, agissant conformément aux précédents établis aux bords de la Durance pour ce genre de travaux, et profitant simplement des avantages que l'Etat et l'administration départementale y attachent, la ville de Marseille, représentant dans cette occasion les propriétaires riverains, et travaillant dans leurs intérêts, endiguerait moyennant une faible contribution, la partie de la Durance qui l'intéresse.

On endiguerait aussi le **ruisseau de Riaou** qui, venant des hauteurs de Jouques, coupe la plaine de Peyrolles à un kilomètre environ du vieux fort, et va se jeter dans la Durance. Ce ruisseau, qui donne en hiver une eau abondante et pure, disparaît presque en été, comme la plupart des ruisseaux de ce pays, le peu d'eau qu'il contient encore à cette époque étant entièrement absorbé par l'irrigation. Son endiguement est nécessaire, cependant, car il est sujet à des crues, et il faut combattre, avant tout, vers sont confluent, celles de la Durance.

Le bord de la Durance et le ruisseau de Riaou endigués, on devrait séparer du reste de la plaine les graviers destinés à la filtration.

A cet effet, on creuserait un **canal évacuateur**, peu profond, sur le coté de ces graviers opposé à la rivière, à la seule fin de recueillir et d'évacuer les eaux superficielles de la plaine. Ce canal irait s'élargissant de plus en plus, passerait sous le canal de Marseille, à quelques kilomètres en aval du pont de Pertuis et irait se déverser dans la Durance.

Les déblais jetés en entier sur la rive droite du canal, formeraient, au bord des graviers à isoler, une levée protectrice suffisante.

Comme il importerait que le lit de cet exutoire ne fût pas affouillé au-dessous de l'étiage, car alors il deviendrait lui-même un canal filtrant et nuirait au produit des galeries, on pourrait en régler la profondeur, si le besoin s'en faisait sentir, au moyen de traverses maçonnées, arasant son radier, et établies de loin en loin.

C'est dans ces 900 hectares d'iscles ou graviers, ainsi défendus, de toutes parts, contre l'empiètement des eaux, que l'on prendrait l'eau naturellement filtrée nécessaire au canal de Marseille.

Le canal de Marseille a une largeur de trois mètres à la cuvette, et à sa prise à la Durance, cette cuvette est à deux mètres au-dessous de l'étiage. La pente normale du canal est de $0^m,0003$ seulement par mètre, tandis que la pente de la Durance, et conséquemment celle de la plaine qu'elle arrose, est, dans les communes de Meyrargues, de Peyrolles et de Jouques, de $0^m,0025$ par mètre, c'est-à-dire, **huit fois plus grande**. On voit que pour creuser, ramifier les galeries dans ces graviers, et y prendre toutes les dispositions désirables, on aura plus de pente qu'il n'en faut.

Toutes les circonstances sont donc favorables, au bord de la Durance, et plus favorables qu'elles ne le sont à Toulouse, à Lyon ou à Angers, pour avoir, en grande abondance, de l'eau pure.

Cependant, quoiqu'en épuisant l'eau des excavations que l'on a faites à 40 mètres environ de la rivière, dans les graviers de la Durance, on obtienne en moyenne de **6 à 8 mètres** cubes d'eau, par mètre carré de filtre et par jour, **parfaitement claire**, je pense qu'en opérant sur une très-grande échelle, en voulant obtenir **7** mètres cubes d'eau filtrée par seconde, dans ces 900 hectares de graviers, il faudrait s'attendre à un plus faible rendement. Comptons, dans ce cas, sur **5 mètres** cubes d'eau filtrée, seulement, par mètre carré de filtre, au lieu de **6 à 8**. Disons même 5 mètres cubes par mètre carré de **radier filtrant**, sans tenir compte des infiltrations latérales des tranchées, et abaissons le rendement à **4 mètres** pour les galeries à ajouter, si on voulait porter le produit total d'eau filtrée, de 7 à 10 mètres cubes par seconde. Il vaut mieux compter moins que plus, afin de n'être pas déçu.

La ville de Marseille a été autorisée à dériver de la Durance 5^m 75°, d'eau par seconde à l'étiage. Mais la Durance étant presque toujours à un niveau plus élevé, il en résulte que cette concession équivaut, en moyenne, à 6 ou 7 mètres cubes par seconde.

D'un autre côté, le canal de Marseille est disposé pour débiter 10 mètres cubes d'eau.

Veut-on simplement remplacer les sept mètres cubes d'eau plus ou moins bourbeuse qu'on a maintenant, par sept mètres cubes d'eau parfaitement claire?

Ou bien veut-on emplir le canal d'eau claire, c'est-à-dire recueillir par seconde 10 mètres cubes d'eau filtrée?

Ce sera à la ville de Marseille à choisir.

La lisière de 15 kilomètres de graviers précitée, pourra aisément fournir en eau, parfaitement clarifiée, sept, dix mètres cubes par seconde, et plus.

Pour sept mètres cubes d'eau filtrée par seconde, il suffira d'avoir 120,960 mètres carrés de radiers filtrants, en évaluant à 5 mètres cubes d'eau filtrée par jour, le produit d'un mètre carré de radier.

Pour un supplément de trois mètres cubes par seconde — à 4 mètres cubes seulement par jour et par mètre carré de radier, — il faudrait 64,800 mètres carrés de radiers de plus.

En tout, 185,760 mètres carrés de radiers filtrants, et j'espère beaucoup moins, pour produire par seconde dix mètres cubes d'eau naturellement filtrée.

Les dispositions à donner aux bassins ou aux tranchées peuvent varier à l'infini. Voici de simples idées à ce ce sujet :

Qu'on fasse d'abord obliquer la tête du canal à partir de cent ou deux cents mètres en aval de la prise actuelle, afin de l'éloigner d'une distance de 40 à 50 mètres de la rivière, et qu'on le prolonge ensuite parallèlement à la rivière, à travers les iscles de Meyrargues, de Peyrolles et de Jouques, jusqu'au rocher de Canteperdrix, en passant sous le lit du ruisseau de Riaou.

Sa largeur serait au moins égale à celle du canal actuel, et on aurait, je crois, avantage à la doubler.

En donnant au premier kilomètre de la prolongation du canal, une pente de $0^m,001$ par mètre, son radier, à cette distance du pont de Pertuis, serait déjà à 3^m50 au-dessous de l'étiage. De ce point, on augmenterait la pente, de manière à ce que le plafond du canal conservât dans toute sa longueur ce niveau relatif de 3 à 4 mètres au-dessous des basses eaux de la rivière. Et si cette pente était trop grande et présentait des inconvénients, on la diminuerait à volonté en échelonnant sur le plafond du canal quelques petits barrages submersibles. L'expérience en décidera.

Cet appendice du canal, se prolongeant dans les graviers de la Durance, de trois à quatre mètres en moyenne au-dessous de l'étiage, constituerait une vaste **galerie filtrante à ciel ouvert**, de quinze kilomètres de longueur.

Sur les parties des graviers qu'on traverserait, où les infiltrations afflueraient le plus, on ouvrirait des tranchées latérales, ou des bassins latéraux, convergeant vers la tranchée mère ; ou bien encore on creuserait dans ces endroits de grands bassins sur l'axe même de la tranchée.

Comme on ne peut pas rigoureusement déterminer, avant que l'expérience ne l'indique, quels seront sur ce trajet, les points les plus favorables à la filtration, je n'expose que des principes généraux, sans tracer aucune disposition exclusive pour les bassins ou les tranchées à ajouter subsidiairement.

Les tranchées latérales obliqueraient vers la tranchée mère, de manière à former un angle très-aigu à leur confluent. Elles s'étendraient sur le côté opposé à la Durance, la tranchée principale étant déjà suffisamment rapprochée de la rivière.

Les bassins, si l'on jugeait convenable d'en établir, seraient creusés de quelques mètres en contre-bas de la tranchée dans laquelle ils se déverseraient, afin que leur cuvette fût constamment recouverte d'une épaisse couche d'eau. Ils s'allongeraient et se rétréciraient graduellement en entonnoir, jusques à la tranchée, afin que, par l'effet de cette disposition piriforme, l'eau pût s'en écouler sans remous, et qu'elle se renouvelât plus régulièrement sur tous les points de leur surface.

On pourrait encore maçonner le goulet ou déversoir des bassins, dans le but d'éviter les érosions au point d'écoulement. Je pense, enfin, qu'il serait avantageux de munir

leur déversoir d'un barrage mobile , afin qu'en élevant ou
en abaissant le barrage, et par conséquent le niveau de
l'eau du bassin, on diminuât ou on augmentât à volonté,
la filtration , ou même qu'on la suspendît entièrement; et
il suffirait pour cela, d'élever le barrage à la hauteur de la
nappe souterraine. Par ce moyen, en étiage comme en
temps de crue, on pourrait avoir un produit identique.
C'est là un avantage que ne présentent pas les galeries filtrantes dont les eaux sont élevées, au moyen de machines :
celles-ci étant fixes et le niveau de l'eau étant variable,
elles élèvent d'autant moins d'eau que le niveau est plus
abaissé.

La facilité de suspendre l'écoulement d'un bassin, en
élevant simplement son barrage, offrirait une nouvelle
ressource dans le cas où, pour un travail quelconque, on
devrait troubler l'eau qu'il contient. En attendant que
cette eau se fût de nouveau clarifiée, les autres bassins
et les tranchées continueraient à fonctionner , et le service n'en serait qu'un peu atténué, mais pas interrompu.

En élargissant de plus en plus les tranchées, d'amont en
aval, la couche d'eau qui y circulerait aurait une épaisseur plus régulière. En ouvrant un bassin au commencement de chaque tranchée, l'eau affluerait avec abondance
dès son entrée dans la tranchée et on pourrait alors donner
à celle-ci une plus grande largeur, ce qui constituerait une
économie, en ce que, pour la même surface de radiers, avec
des tranchées plus larges, il y aurait moins à déblayer.

Quant aux tranchées ou aux bassins, la dépense serait
à peu près la même ; car si pour les unes on avait plus
de déblais, à cause des talus, pour les autres, en raison
des plus grandes dimensions, en profondeur et en largeur,
le déblaiement serait proportionnellement plus cher.

Toute compensation faite, j'évalue que, soit pour les
tranchées, soit pour les bassins creusés à ciel ouvert, le
mètre carré de radier filtrant coûterait en moyenne, 15 fr.,

tandis qu'avec des galeries couvertes, maçonnerie, déblais et remblais compris, le mètre carré de radier reviendrait à 75 francs, ou **cinq fois plus cher.**

Je pense qu'on obtiendrait plus de cinq mètres cubes d'eau filtrée par jour, par mètre carré de radier, et qu'on pourrait diminuer l'étendue que j'indique pour le développement des galeries, en les faisant fonctionner sous une plus forte dépression ; mais d'un autre côté, l'eau filtrée pouvant perdre de sa pureté quand les infiltrations sont trop actives, je crois devoir calculer sur la plus basse limite, préférant exagérer, plutôt qu'amoindrir le chiffre des dépenses.

Voici un devis approximatif des frais occasionnés par l'application de mon système, pour approvisionner d'eau limpide Marseille et tous ses environs.

DÉPENSES PRÉALABLES.

Iscles ou graviers à acheter :

900 hectares à 300 fr. l'hectare, en moyenne. F.   270.000

Digues à construire, à exhausser ou à fortifier dans les communes de Meyrargues ou de Peyrolles :

6,500 mètres de digues longitudinales à construire au bord de la Durance, à 200 fr., en moyenne, le mètre courant... F.   1.300.000

2,500 mètres de digues longitudinales à exhausser ou à fortifier sur les 3,500 mètres déjà construits, dans les mêmes communes, à 50, fr. en moyenne, le mètre courant...............   125.000

800 mètres de digue transversale à exhausser et à fortifier sur la rive gauche du ruisseau de Riaou, à 20 fr. le mètre courant.   16.000

800 mètres de digue à construire sur la rive droite du même ruisseau, à 60 fr. le mètre courant...   48.000

Dépense totale pour l'endiguement, dans les communes de Meyrargues et de Peyrolles........   1.489.000

$\frac{1}{6}$ de cette somme à payer par la ville de Marseille...............................   248.166

A Reporter......   518.166

4.

Report........ 518.166

Digue à construire dans la commune de Jouques :

5,000 mètres de digue longitudinale, à construire au bord de la Durance, à 200 fr., en moyenne, le mètre courant 1.000.000

¹/₃ de cette somme (tout au plus) à payer par la ville de Marseille............ 333.333

Canal évacuateur des eaux superficielles de la plaine :

12,000 mètres à 10 fr.,en moyenne, le mètre courant................................. 120.000

A VALOIR pour dépenses diverses ou imprévues....................... 200.000

TOTAL des dépenses préalables à faire avant l'établissement des galeries....... 1.171 499

DÉPENSES DÉFINITIVES

Pour avoir sept mètres cubes d'eau filtrée, par seconde :

120.960 mètres carrés de radiers, en tranchées ou en bassins, donnant 7 mètres cubes d'eau filtrée par seconde ; à 5 mètres cubes d'eau filtrée par mètre carré de radier, et par jour, à 15f. le mètre carré........................... 1.814.400

A valoir pour dépenses diverses ou imprévues 14.101

Dépenses préalables, dont détail ci-contre 1.171.499

Total des dépenses pour sept mètres cubes d'eau.. .... 3.000.000

DÉPENSES DÉFINITIVES

Pour avoir dix mètres cubes d'eau filtrée, par seconde :

120.960 mètres carrés de radiers, donnant 7 mètres cubes d'eau filtrée par seconde, à 5 mètres d'eau filtrée par mètre carré de radier et par jour, à 15 fr. le mètre carré..............	1.814.400
64.800 mètres carrés de radiers donnant 3 mètres cubes d'eau filtrée par seconde, à 4 mètres cubes, seulement d'eau filtrée par mètre carré de radier et par jour, à 15 fr. le mètre carré...................................	972.000
A **valoir** pour dépenses diverses ou imprévues	42.101
Dépenses préalables dont détail ci-contre.	1.171.499
Total des dépenses pour dix mètres cubes d'eau..............	4.000.000

La dépense totale pour l'endiguement de la Durance, dans les communes de Meyrargues, de Peyrolles et de Jouques, serait de 2,489,000 francs, sur laquelle somme la ville de Marseille n'aurait à payer que 581,500 francs, le gouvernement, le département ou les communes devant payer 1,907,500 fr.

Pour ce motif, la dépense générale nécessitée pour amener à Marseille l'eau filtrée des graviers de la Durance, qui serait de 4,907,500 fr. pour sept mètres cubes par seconde, et de 5,907,500 fr. pour dix mètres cubes, serait réduite à **3 millions** de francs, pour **sept mètres**, et à **4 millions** de francs pour **dix mètres**.

RÉSUMÉ.

La ville de Marseille a déjà dépensé **plus de cinquante millions** de francs pour avoir, par seconde, **six** à **sept** mètres cubes d'eau trouble.

Le seul moyen convenable qu'elle ait pour utiliser son canal et pour satisfaire aux urgents besoins de sa population, est de prendre l'eau claire qui baigne les graviers des bords de la Durance.

Dans la vaste étendue de graviers dont on peut disposer, cette eau, naturellement filtrée, est et sera toujours beaucoup plus abondante qu'il ne faut. Ses qualités sont excellentes, sa température uniforme, sa limpidité invariable.

La seule manière de recueillir cette grande quantité d'eau limpide à d'acceptables conditions, est de procéder tout simplement à ciel ouvert.

Avec des galeries filtrantes **voûtées**, les seules qu'on ait construites jusqu'à ce jour, il faudrait dépenser **dix ou quinze millions** de francs, si ce n'est plus, pour obtenir, par seconde, **7** ou **10** mètres cubes de cette eau parfaitement limpide.

En évaluant tout, dans les pires conditions, et en comptant encore **plus de deux cent mille francs** pour l'imprévu, j'ai démontré qu'il suffirait de **trois millions de francs** de plus, pour avoir sept mètres cubes d'eau filtrée, c'est-à-dire, pour remplacer, définitivement, l'eau bourbeuse et malsaine du canal de Marseille par une quantité, **au moins égale**, d'eau parfaitement saine et parfaitement limpide.

Et que, moyennant **quatre millions** de francs, on aurait dix mètres cubes d'eau filtrée : ce qui ferait **moitié plus d'eau** limpide qu'on n'en a maintenant de trouble; ou bien **un plein canal d'eau claire.**

L'application de mon système offre donc, à la ville de Marseille, **sept ou onze millions d'économie,** suivant qu'elle prendra sept ou dix mètres cubes d'eau filtrée. Je ne saurais trouver, pour terminer, rien de plus éloquent que ces deux chiffres.

La ville de Marseille ne nuirait à personne, en prenant l'eau des graviers de la Durance, puisque cette eau se perd, souterrainement et inutilement aujourd'hui, qu'elle est même nuisible ; et ainsi que je l'ai précédemment exposé, en la ramenant à la surface, on aurait réellement créé une rivière d'eau limpide.

De plus, l'accomplissement de ces travaux aurait une conséquence doublement heureuse ; car, en même temps qu'on servirait ses propres intérêts, on éprouverait aussi la satisfaction d'avoir contribué à assurer la prospérité d'une contrée vaste et fertile, en l'affranchissant des dévastations de la Durance et des épidémies paludéennes.

Au point de vue de la santé publique, la question est jugée, n'y revenons plus ; — sous ce rapport seul, on ne devrait reculer devant aucun sacrifice. Mais nous allons voir qu'au lieu de sacrifices à faire, il n'y a, dans le travail que je propose, que des bénéfices, **d'énormes** bénéfices à réaliser.

Les limons des eaux du canal occasionnent cent mille francs par an de frais d'entretien, en comptant le curage des 250 mètres cubes de terre qu'apportent chaque jour, dans le port, les cent mille mètres cubes d'eau de la Durance qu'on y verse.

Si l'eau du canal était claire, toutes ces dépenses n'existeraient plus. Voilà déjà une économie annuelle d'environ cent mille francs, représentant un capital de **deux millions.**

Je ne parlerai pas de l'entretien du filtre. Avec des boues pareilles, il ne peut fonctionner ; on l'a abandonné. Je mentionnerai moins encore les frais divers, les pertes, les innombrables désagréments que ces eaux bourbeuses occasionnent aux particuliers. Je n'ai à considérer ici que le budget de la ville, tout heureux que je serai de pouvoir améliorer celui de tout le monde.

Tant que l'eau est sale et malsaine, il y en a toujours trop ; dès l'instant qu'elle sera pure, il n'y en aura jamais assez. Tous ceux qui n'en ont pas en prendront, et les concessionnaires actuels en demanderont une quantité plus grande. De là je puis certainement déduire que le supplément d'eau pure que l'on conduirait à Marseille, dût-on même le vendre plus cher, serait **immédiatement** acheté : tout, jusqu'à la dernière goutte, le serait.

Maintenant, faisant une large part pour les pertes causées par évaporation ou par filtrations, supposons que, dans le long trajet du canal, sur ces trois mètres cubes supplémentaires, un demi-mètre fût perdu, il en resterait deux mètres et demi à concéder.

Deux mètres cubes et demi d'eau claire au même prix du tarif actuellement établi pour l'eau trouble, c'est-à-dire à 100 fr. le module d'un décimètre cube par seconde, donnent une redevance supplémentaire et annuelle de 2,500,000 fr. En y ajoutant 100,000 fr. économisés sur l'entretien, nous aurons, par le fait, un bénéfice annuel de **2,600,000 f.**, produit par un travail qui aura coûté 4,000,000 de francs. En d'autres termes, intérêts et tous frais déduits, **en moins de deux années**, la somme entière qui aurait été dépensée pour mon projet serait **pleinement remboursée**, par les seuls revenus que son exécution procurerait.

Considérant, enfin, dans son ensemble la question générale du canal de Marseille, les avantages amenés par ce dernier travail régénèreraient et rendraient féconde cette grande entreprise, qu'au point de vue pécuniaire on a eu lieu de considérer, jusqu'à présent, comme ruineuse.

Le canal de Marseille, qui produit aujourd'hui 800,000 f. par an, moins les frais, ou **700,000** f. nets, produira, quand mon travail sera fini, 800,000 fr., plus les 2,600,000 fr. que je procure ; soit **3,400,000** fr. — sans compter les 3 ou 400,000 fr. de plus que la ville espère encore obtenir par les chûtes.

En un mot, au lieu de retirer, comme on le fait aujourd'hui, **un et demi pour cent** de l'argent dépensé, mon travail achevé, toutes les sommes qui auront été employées pour le canal de Marseille, depuis sa création, y compris les nouvelles dépenses à faire, rapporteront, en prenant par seconde dix mètres cubes d'eau filtrée, **six et demi pour cent d'intérêt** : — six et demi, au lieu de un et demi.

Cet intérêt s'élèverait à **dix pour cent** par an, si jamais on prenait, dans ces mêmes graviers, deux mètres cubes d'eau de plus : douze mètres au lieu de dix mètres,

Et qu'on observe bien que, dans ces évaluations, je ne change rien au tarif existant, alors pourtant qu'il serait juste de tenir compte à la ville des avantages qu'elle procurerait : un module d'eau claire valant évidemment plus qu'un module d'eau trouble, devrait être mieux payé.

Mais, ce n'est pas là ce que je demande, ni, j'en suis convaincu, ce que la ville souhaite. On a assez longtemps souffert des inconvénients des eaux de la Durance, pour que la municipalité soit désireuse de donner, libéralement, le jour où elle le pourra, tous les agréments et tous les avantages de l'eau pure. La ville de Marseille après s'être assainie, après avoir fertilisé son territoire, pourra se montrer, encore une fois, généreuse envers ses habitants ; car, par une intelligente combinaison, son argent sera désormais placé à gros intérêt, et elle s'arrosera pour rien. Cette bienfaisante entreprise de son canal, contre laquelle, pourtant, on a tant crié, finira par contenter et par enthousiasmer tout le monde, les financiers comme les autres.

Au résumé, si la ville de Marseille ne fait qu'échanger, contre une égale quantité d'eau claire, l'eau trouble qu'elle a maintenant, elle dépensera trois millions de francs, sans augmenter ses revenus.

Et si elle remplace ses sept mètres cubes d'eau trouble, contre dix mètres cubes d'eau limpide, elle dépensera, il est vrai, quatre millions, au lieu de trois, mais elle **quadruplera** les revenus que lui donne le canal. Elle les **sextuplerait**, avec douze mètres cubes. C'est pourquoi j'insiste sur l'opportunité d'acheter tous les iscles disponibles de la rive gauche de la Durance, entre le pont de Pertuis et le pont de Mirabeau.

Notons enfin que, tout besoin de curage ayant disparu, les trente jours environ de chômage pendant lesquels, jusqu'à présent, la ville est, chaque année, privée d'eau, pourront être réduits, pour les réparations prévues, à sept à huit jours par an.

Et, pendant ces sept à huit jours de chômage, on aurait en réserve une quantité d'eau suffisante pour satisfaire à tous les besoins. Inappréciable avantage pour tout le monde, et **principalement pour les usines**.

Les **bassins** actuels **d'épuration**, celui de **Réaltort** et autres, n'ayant plus à contenir que de l'eau claire, et n'étant plus, dès lors, sujets à être obstrués, serviraient de **bassins d'approvisionnement**. Le **filtre de Longchamp** purgerait l'eau au besoin, des quelques corps étrangers dont elle aurait pu se charger pendant le trajet, et tous les **bassins voûtés de distribution** serviraient à rendre à cette eau la précieuse uniformité de sa température initiale. Ainsi donc, tout ce qui a été fait, en dehors même du canal et de ses branches, serait avantageusement utilisé.

Tout, dès lors, serait en harmonie dans cette œuvre gigantesque que Marseille lègue en exemple à l'avenir : d'une part, la beauté, l'importance incomparables du canal, ses dispositions originales, depuis son origine d'une merveilleuse simplicité, dans les graviers de la Durance, jusqu'à sa monumentale extrémité aux allées de Longchamp ; de l'autre, l'abondance, la beauté, la bonté parfaites de ses eaux.

Je n'ai pas la prétention d'avoir approfondi tout ce qui se rattache à ce grave sujet. Je crois seulement en avoir dit assez pour démontrer que j'ai raison. On pourra discuter sur les questions de détail, on pourra modifier les dispositions des tranchées et des bassins, mais je ne pense pas qu'on puisse attaquer le principe et l'ensemble du projet que je viens d'avoir l'honneur de soumettre.

J'ajouterai que, quoique je sois breveté depuis cinq ans, pour le système des **tranchées et des bassins filtrants à ciel ouvert**, quoique j'aie fait pour son étude, de grands sacrifices de temps et d'argent, et que mon intérêt soit naturellement de le défendre, je confesserais avec empressement, une erreur qu'on me démontrerait ; mais je déclare aussi que toutes les objections qui m'ont été faites, jusqu'à présent, loin d'affaiblir mes convictions, n'ont fait que les corroborer. Il y a plus de dix ans que je m'occupe des eaux de Marseille. J'ai fait, dans cet intervalle, plusieurs voyages, plusieurs séjours prolongés à Marseille et sur les bords de la Durance. Je ne me suis pas trop hâté de me prononcer ouvertement, alors pourtant que mes convictions devenaient de plus en plus fortes. J'ai donc lieu d'attendre de l'honorable Municipalité de Marseille, un examen froid, impartial, dominant les passions et les intérêts privés ; un examen, en un mot, qui ne s'inspire que de la recherche du bien public.

Les tergiversations passées peuvent s'expliquer par le

doute où on était de pouvoir, sûrement et économiquement, atteindre le but. Mais aujourd'hui que la lumière
s'est faite sur l'insuffisance et les inconvénients de la
décantation, et sur la possibilité d'une solution, à tous
égards satisfaisante et radicale ; aujourd'hui que le doute
est remplacé par la certitude, que le même mal sub-
siste, et que l'accroissement de la population rend, chaque jour, plus impérieux le besoin d'y remédier, je crois
qu'en présence d'une telle urgence, une résolution **énergique et prompte** est nécessaire.

Je ne dirai pas qu'elle sera prise immédiatement, cette
résolution ; il ne suffit pas toujours d'avoir raison pour
être écouté ; mais lorsqu'une vérité est par trop patente,
une fois dite, elle fait son chemin. J'ai foi que ma persé-
vérance n'aura pas été stérile.

Peut-être, par suite d'oppositions quelconques, dif-
fèrera-t-on l'exécution de mon projet. Ce retard, s'il avait
lieu, ne serait que temporaire : mon système étant le
seul applicable ici, on serait tôt ou tard **forcé** d'y re-
venir. — Telle est du moins ma conviction. — Aussi,
voudrais-je ardemment, autant pour les autres que pour
moi, qu'on ne jetât plus de nouveaux millions dans des
tentatives de décantation dont on connaît, d'avance, les
insuffisants résultats ; qu'on ne perdît plus de temps, et
qu'on donnât, enfin, résolûment satisfaction à une population de trois cent mille âmes, qui, depuis quinze
ans, demande avec instances de l'eau claire.

**Considéré dans son ensemble, le travail
que je propose consiste donc, simplement
à prolonger le canal actuel de quelques
lieues de plus, dans les graviers qui bordent la Durance, en l'enfonçant dans ces
graviers, au-dessous du niveau des basses eaux de la rivière.**

La pente des graviers est plus que suffisante pour cela.

Cette prolongation sera à ciel ouvert, comme le reste du canal. Je ne change rien au mode actuel. Seulement, l'eau filtrée affluera avec tant d'abondance par les parois de la partie prolongée du canal, qu'au pont de Pertuis, ce canal sera plein d'eau claire. Par conséquent, on n'aura plus besoin de l'eau de la Durance.

J'attends que l'on oppose **une objection sérieuse** à ce système, que je présente, non pas comme une conception bien savante, mais seulement comme une radicale solution.

Dans tous les cas, si la ville de Marseille, intimidée par de malheureux efforts, hésitait à entreprendre encore à ses risques, ce nouveau travail, je consentirais, à des conditions raisonnables, à en assumer sur moi toutes les chances et toutes les charges.

UN DERNIER MOT.

Bien que le succès, et un succès économiquement obtenu, ne soit ici nullement douteux, par l'emploi des tranchées ou des bassins à ciel ouvert qui font l'objet de mon brevet, lorsqu'il s'agit d'un travail aussi important que celui-ci, on ne saurait apporter trop d'étude, trop de circonspection dans la manière de le conduire, afin d'économiser le plus possible ces deux choses également précieuses : le temps et l'argent. Les chiffres que j'ai donnés sont basés sur de nombreuses expériences. Je n'ai fait que les réduire, par un excès de scrupule, aux plus défavorables limites ; et, cependant, l'expérience acquise chaque jour par l'exécution du travail que je propose d'entreprendre, devra seule, en définitive, nous guider.

L'eau de tous les puits creusés au bord de la Durance suit le niveau de la rivière, et reste parfaitement limpide, alors même que, pendant les crues, elle s'élève dans ces puits jusqu'à déborder.

La ville de Marseille sait, par elle-même, que l'eau filtrée ne manque pas dans les graviers de la Durance, puisqu'elle fit ouvrir, à ses frais, il y a quelques années, dans ces

mêmes graviers, et à côté de la prise de son Canal, une excavation qu'elle ne pouvait pas parvenir ensuite à étancher.
Cette première expérience est rassurante, et, pour la
compléter, je demande qu'on prolonge, dans ces mêmes
graviers, la tête du canal sur une longueur d'un ou deux
kilomètres seulement, après l'avoir éloignée de 40 à 50
mètres de la rivière, et déjà un petit ruisseau d'eau pure
produit par les infiltrations, coulera dans sa cuvette. Je
pense que cet essai pourra être considéré comme décisif,
et qu'on se hâtera de continuer les tranchées jusqu'à ce
que le canal soit rempli d'eau claire. On n'aura que le re-
gret d'avoir tant tardé,

On creuserait d'abord les tranchées de 2^{m}50 à 3^m au
plus, au-dessous de l'étiage ; puis on verrait s'il n'y aurait
aucun inconvénient à les creuser un peu plus. On pourrait
même, sur certains points, les élargir ou les approfondir
davantage que sur d'autres, s'il se montrait des inégalités
dans la qualité ou dans la quantité relative de l'eau obte-
nue ; la pente extraordinaire de ces graviers se prêterait
aisément à toutes ces modifications ; enfin, on ouvrirait
progressivement les galeries, dans la commune de Meyrargues, puis dans la commune de Peyrolles, et on ne
les étendrait dans les graviers de Jouques que tout autant
que, par les résultats déjà obtenus, les avantages de cette
nouvelle extension auraient été bien démontrés.

S'il arrivait alors, ainsi que cela me paraît probable, que
les infiltrations eussent été, dans les communes de Meyrargues et de Peyrolles, plus abondantes que je ne l'ai
précédemment indiqué, on pourrait limiter l'opération à
ces deux communes. Dans ce cas, n'ayant plus à s'occuper
de la construction des digues de Jouques, on gagnerait un temps considérable ; tandis que sur la construction
des digues ou sur l'achat des iscles, on économiserait un
demi-million de francs ; ce qui réduirait la dépense totale
à **2.500.000 francs**, au lieu de trois millions, pour

sept mètres cubes d'eau naturellement filtrée, par seconde, et à **3.500.000 francs**, au lieu de quatre millions, pour **dix mètres** cubes. Je ne donne pas cette réduction comme certaine, mais seulement comme probable.

Dans cette prévision, il me paraîtrait sage de n'endiguer d'abord la Durance que dans les communes de Meyrargues et de Peyrolles. On s'occuperait des digues de Jouques ensuite, s'il y avait lieu. Les nombreuses digues transversales et insubmersibles, déjà construites dans ces trois communes, permettraient de diviser en plusieurs parties cette importante entreprise, tout en rendant définitif chaque résultat partiel obtenu.

●

Je conçois que, de prime abord, on ait cru pouvoir faire des objections au sujet des grands bassins dont j'avais parlé, dans le principe, pour alimenter le canal. Il y avait là quelque chose de nouveau, on pouvait discuter. Mais, que peut-on objecter si je ne fais que prolonger le canal lui-même, et, sur une plus forte pente encore? On profitera, simplement, dans les graviers où le canal commencera, des infiltrations qui s'y produisent, comme on profite, au souterrain des **Taillades**, des belles sources qui s'y versent. Or, ces infiltrations, remplaçant l'eau de la Durance, constitueront la véritable prise du canal. Je ne change donc rien aux dispositions du canal; la nature seule changera l'eau qu'il porte : elle remplacera l'eau trouble par l'eau claire, pourvu qu'on le prolonge un peu.

J'ai surabondamment prouvé que les infiltrations ne diminueraient point, dans la suite, et que ces filtres naturels ne s'obstruent jamais.

Persiste-t-on à dire que ces infiltrations seront insuffisantes? Admettons-le pour un moment. Eh bien! dût-on emprunter encore la moitié de l'eau à la rivière, cette eau, coupée avec autant d'eau claire serait moitié moins trouble, et tout défectueux que serait ce résultat il n'en réaliserait pas moins un grand progrès. Je ne dis cela que pour répondre à tout le monde. Il n'y a pas lieu de s'y arrêter, car nous n'en serons pas réduits à une aussi précaire alternative.

Si l'espace était trop exigu pour un développement convenable de tranchées ou de bassins, nous gagnerions en profondeur ce que nous aurions de moins en surface, et, aux bords de la Durance, ce serait très-facile : entre le pont de Pertuis et l'extrémité de la commune de Peyrolles, au vieux fort, on a déjà une différence de niveau de 25 mètres, et en donnant une pente de un millimètre par mètre à la tranchée qui unirait ces deux points, la cuvette de cette tranchée serait encore, au vieux fort, à 15 mètres au-dessous du niveau des basses eaux de la Durance. On pourrait donc, sans même atteindre à la moitié ou au tiers de cette grande dépression, avoir des infiltrations doublement, triplement abondantes, et peut-être encore seraient-elles très-limpides. Voilà comment on peut doubler ou tripler le produit des galeries.

Maintenant, si ces infiltrations, par trop activées, donnaient de l'eau moins claire, ce serait du moins une eau à peu près claire, une eau **filtrable**, et d'une irréprochable salubrité.

Mais là n'est pas encore la question : pour recueillir dix mètres cubes d'eau filtrée par seconde, nous avons 900 hectares de graviers, se prolongeant sur 15 kilomètres de rives, étendue deux ou trois fois plus grande qu'il ne faudrait, quand il y a un fleuve vaste et rapide à côté de ces graviers pour renouveler incessamment leur nappe souterraine. Il n'y aura nul besoin d'accélérer les infiltrations. Avec des tranchées d'une faible profondeur, ou des bassins présentant une dénivellation peu considérable, nous aurons une eau parfaitement limpide et en aussi grande quantité qu'il le faudra.

Je demande, encore une fois, comme simple essai, qu'on commence à ouvrir la tête du canal, dans les graviers de **Meyrargues**, jusqu'à la première ou jusqu'à la seconde digue transversale seulement. Il y a là peu de dépenses à faire pour compléter l'endiguement, et l'eau filtrée qu'on recueillera paiera largement ces frais. Il n'y a donc rien à exposer. Et, dès qu'on verra couler, dans le canal de Marseille, un spécimen de cette belle eau que je propose, toute discussion cessera : nous serons tous d'accord.

Marseille. — Typ. et Lith. ARNAUD et Cie, Canebière, 10.